普通高等教育"十二五"规划教材·工业设计类

GONGYE
CHANPIN
ZAOXING
SHEJI

工业产品造型设计

◎ 杨梅 张鑫 主编

◎ 刘元法 主审

化学工业出版社

·北京·

内 容 提 要

本书主要介绍了工业产品造型设计的基础理论和方法，探求人—机—环境相互协调的设计思想，涉及科学与美学、技术和艺术等领域。

本书主要包括工业产品造型设计的原理及思维、工业产品的造型形态构成、产品的色彩设计、企业 CI 战略设计以及与工业产品造型设计有关的人机工程学知识和工业产品造型设计的程序与方法。图文并茂，言简意赅。

本书既可作为高等院校设计艺术学、工学、经济和管理类相关专业师生使用的教材，也可作为相关工程技术人员、工程设计人员、科研、管理人员的参考用书。

图书在版编目（CIP）数据

工业产品造型设计 / 杨梅，张鑫主编. —北京：
化学工业出版社，2014.8
普通高等教育"十二五"规划教材·艺术设计类
ISBN 978-7-122-20916-0

Ⅰ．①工… Ⅱ．①杨… ②张… Ⅲ．①工业产品-
造型设计-高等学校-教材 Ⅳ．①TB472

中国版本图书馆CIP数据核字（2014）第124387号

责任编辑：尤彩霞　　　　　　　　装帧设计：韩　飞
责任校对：宋　夏

出版发行：化学工业出版社（北京市东城区青年湖南街13号　　邮政编码：100011）
印　　装：北京画中画印刷有限公司
787mm×1092mm　1/16　印张12.25　字数321千字　2014年9月北京第1版第1次印刷

购书咨询：010-64518888（传真：010-64519686）
售后服务：010-64518899
网　　址：http://www.cip.com.cn
凡购买本书，如有缺损质量问题，本社销售中心负责调换。

定　　价：49.80元

《工业产品造型设计》
编写人员名单

主　编：杨　梅　张　鑫

副主编：贾乐宾　付治国
　　　　辛成瑶　王俊涛

参加编写人员（姓氏拼音排序）：
　　　　薄其芳　付治国
　　　　贾乐宾　王俊涛
　　　　辛成瑶　杨　梅
　　　　张　鑫　张艳平

前　言

工业产品造型设计这门学科既不同于工程设计，又不同于艺术设计。因为它在考虑产品结构性能指标的同时，还要充分考虑产品与社会、产品与市场、产品与人的关系；在强调注重工业产品形态艺术性的同时，还必须强调产品形态与功能、产品形态与生产相统一的经济价值。所以工业产品造型设计是科学技术、美学艺术、市场经济有机统一的创造性活动。

科学技术及制造业的发展为工业产品实用性、经济性、艺术性的有机结合提供了有力的技术支持，同时也导致了工业产品造型趋势的演变，从而给这门学科提出了更高、更新的要求。因此，我们应该加快设计人才的培养，努力提高我国工业产品的设计水平，以期工业产品造型设计这门学科在自然科学与社会科学、工程技术和文化艺术的交叉点上不断发展。

目前，国内众多综合类高校都设置了工业设计专业，注重工业设计在创新设计的不同层面发挥作用，为社会培养输送大量的专业设计人才。由于工业设计渗入到产品开发的全过程，除了专业人员投入以外，仍需其他工程技术人员的共同配合才能完成。因此，在高等院校加强对非工业设计专业的学生普及工业设计知识也是十分必要的。尤其是在当今科技信息瞬息万变的形势下，对改革人才培养模式、调整知识结构、拓宽专业知识面、大力加强学生创新能力和表现力的培养方面起着很大的作用，同时对提高大学生的艺术与文化素质，培养有一定审美能力和设计创新能力的综合性人才具有重要意义。

本书是在参考了大量相关资料、优秀设计案例并结合各位编者多年的工业设计理论教学与设计实践经验的基础上编写的。书中较全面地论述了工业产品造型设计的基础理论、基本方法和基本技能，尽量做到理论联系实际。本书为配合广大师生，编者有电子课件可在化学工业出版社教学资源网注册下载：http://www.cipedu.com.cn

参加本书编写的有：辽宁工程技术大学付治国、张艳平（第一、二章）；山东科技大学贾乐宾、薄其芳（第三章）；山东科技大学杨梅（第四章）；山东科技大学张鑫（第五章）；河南理工大学辛成瑶（第六章）；山东科技大学王俊涛（第七章）。全书由杨梅老师统稿。

本教材为山东省特色专业工业设计专业教学成果，教学改革研究项目"对接文化建设发展需求艺术类专业创新人才教学体系研究与实践"教学成果。山东科技大学刘元法教授担任本书的主审，对本书的编写提出了许多宝贵的意见，编者在此表示衷心的感谢。在本书的编写过程中，山东科技大学苏兆婧同学、王康同学参与了部分章节的编写与校改，一并表示感谢。

由于编者水平有限，书中不妥之处在所难免，恳请读者批评指正。

编　者
2014年6月

目　录

第一章 概论

第一节 工业造型设计简介

工业造型设计，是随着社会的发展、科学技术的进步和人类进入现代生活而发展起来的一门新兴学科。它以材料、结构、功能、外观造型、色彩以及人机系统协调关系等为主要研究内容，是工业设计专业的重要组成部分。工业造型设计最初产生于把美学应用于技术领域这一实践之中，是技术与艺术相结合而产生的一门边缘学科。技术主要追求功能美，艺术主要追求形式美。技术改变着人类的物质世界，艺术影响着人类的感情世界，而物质和感情也正是人类自身的两面。因此，工业造型设计并不仅仅是工程设计、结构设计，它同时承载着功能价值、美学价值、人性价值等因素，是一种创造性的系统思维与实践活动。

工业造型设计是狭义的工业设计的概念，广义的工业设计包括以下三个基本方面（图1-1）：

（1）产品设计——产品造型设计。

（2）视觉传达设计——通过人的视觉器官感知并以传递各种信息为目的的设计活动。视觉传达设计在设计领域中占有很重要的位置，主要包括：包装设计、广告策划、展示设计、招贴设计、企业形象设计、字体设计、标志设计等。

（3）环境设计——指以构成人们生产、生活空间为目的的设计。大，涉及整个人居环境的系统规划；小，关注人们生活与工作的不同场所的营造。主要包括：室内设计、景观设计、室外建筑设计、公共空间设计、店面设计、园林设计等。

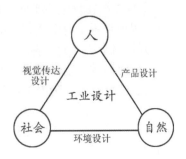

图1-1 工业设计的三个方面

随着对工业造型设计研究的不断深入，无论是其理论体系还是实践范畴都得到了飞速的发展，而且其应用范围也越来越广泛。进入21世纪，人们对于工业造型设计的思考更为深刻，工业造型设计的对象不只是具体的产品，它的范围被扩大和延伸了，对工业社会中任一具体的或抽象的、大的或小的对象的设计和规划都可称为工业设计。设计不仅是一种技术，还是一种文化。同时，设计是一种创造行为，是"创造一种更为合理的生存（生活）方式"。"更为合理"的含义很广，它包括：更舒适、更方便、更快捷、更环保、更经济、更有益等。

工业造型设计所涉及的产品的范围包括我们人类生活的各个方面，它是对所有的工业产品设计的总称，既包括人们每天都要接触的日用工业产品，也包括生产这些产品所需要的机械产品和用具等。同时还包含工业产品设计的"软设计"，如产品的包装设计、形象设计与操作界面设计等。这一设计范畴已有了足够广泛的应用空间，小至一个钉子、别针，大至喷气飞机、宇宙飞船、万吨巨轮等的设计与制造，都属于工业产品设计的范畴。

简而言之，工业造型设计是涉及工程技术、人机工程学、价值工程、可靠性设计、生理学、心理学、美学、市场营销学、CAD等领域的综合性学科，它是技术与艺术的和谐统一，是功能与形式的和谐统一，是人—机—环境—社会的和谐统一。

第二节 工业造型设计的发展概况

工业造型设计的发展历史一直与政治、经济、文化及科学技术水平密切相关，与新材料的出现和新工艺的采用相互依存并受人们审美观的直接影响。在工业革命以前的数千年人类发展史中，工具及用品的发展一直沿袭着一条融设计、生产、销售为一体的工匠模式。随着商业与贸易的发展以及科学技术的不断提高，设计逐渐从作坊走向了社会。《营造法式》和《天工开物》这样一些传播技术的设计资料都为传统手工艺向现代设计过渡做出了非常大的贡献。工业革命使手工作坊走向不断扩大的机械化生产，劳动生产力在这一变革中得到空前的提高和解放。生产的过程已被分解为多套工序，必然导致了设计与制造的分工，这是推动工业造型设计逐步形成专门学科的最主要因素。设计，反映时代物质生产和科学技术的水平，它既体现了人民生活方式和审美意识的演变，又体现了社会生产水平和人在自然界所处地位的变迁，并与政治、经济、文化及科学技术水平有密切关系。设计与新材料的发现、新工艺的采用相互依存，也受不同的艺术风格及人们审美爱好的直接影响。各国不同的社会历史发展过程，形成了各自不同的工业造型设计发展轨迹。工业造型设计大致可划分为以下三个时期。

第一个时期：18世纪下半叶至20世纪初——工业设计的酝酿和探索时期

自西方在18世纪下半叶完成了产业革命之后，实现了手工业向机器工业的过渡。这个过渡过程也是手工业生产方式不断解体的过程。一般来说，手工业生产方式的基本特点是产品的设计、制作、销售都是由一人或师徒几人共同完成的，这种生产方式积累了若干年的生产经验，因而较多地体现了技术和艺术的良好结合。当机器工业逐步取代手工业生产后，这种结合也随之消失。随着工业化生产的发展，原来落后的手工业生产方式的产品设计，已不能适应时代发展的需要。尽管当时的生产已由手工劳动演变成机械化生产，但是在产品造型上只满足于借助传统样式做新产品外观造型，使具有新功能、新结构、新工艺、新材料的产品与它的外观样式产生极大的不和谐，这种简单地把手工产品造型直接搬到机械化生产的工业产品上，给人以不伦不类、极不协调的感觉，例如：一件女士们做手工的工作台，如图1-2所示，成了洛可可式风格的藏金箱，罩以一组天使群雕。花哨的桌腿似乎难以支承其重量。这个时期出现在市场上的商品一方面是外观简陋的廉价工业品，另一方面是耗费工时、精工细作的高价手工艺品。鉴于这种情况，人们认为产品的工业化与产品的审美属性水火不相容。此时，英国人莫里斯（WilliamMorris，1834—1896，图1-3），倡导并掀起了"工艺美术运动"（Artsand Crafts）要求废弃粗糙得丑陋或华丽得丑恶的产品代之以朴实而单纯的产品（图1-4）。莫里斯一方面认为艺术和美不应当仅集中于绘画、雕塑之中，主张让人们努力把生活必需品变成美的、把生产过程也变得对自己是舒适的。人类劳动产品如不运用艺术必然会变得丑陋，但另一方面他又把传统艺术美的破坏归结为工业革命的产品，主张把工业生产退回到手工业方式生产。这后一种提法和做法显然是违反时代发展潮流的，可是他却向人们提出了工业产品必须重视研究和解决在工业化生产方式下的工业造型设计问题。

图1-2 洛可可式女士工作台

图1-3 莫里斯

图1-4 阿什么比1902年设计的水具

19世纪末至20世纪初，在欧洲，以法国为中心又掀起了一个"新艺术运动"（ArtNouveau），承认机器生产的必要性，主张技术和艺术的结合，注意产品的合理结构，直观地表现出工艺过程和材料（图1-5）。它以打破建筑和工艺上的古典主义传统形式为目标，强调曲线和装饰美。在强调工艺的合理性、结构的简洁和材料的适当运用方面有所进展。但是过分强调产品外在的装饰美，而没有把艺术因素作为事物的内在属性，因此导致功能与形式的矛盾。总之，新艺术运动对于工业设计学科发展的历史功绩是巨大的。在"工艺美术运动"和"新艺术运动"的推动下，欧洲的工业设计运动进入了高潮。而第一个产生巨大影响的团体组织则是德国工业联盟（Deutscher Werkbund）。继德国德意志同盟（类似于工业造型设计学术团体）于1907年在慕尼黑成立之后，奥地利、英国、瑞士、瑞典等国相继成立了类似的组织。许多工程师、建筑师和美术家都加入了这一行列。他们相互协作，开创了技术与艺术相结合的活动，从而使工业产品质量得到了提高并在市场上增强了其竞争力，遂为工业造型设计的研究、发展和应用奠定了基础。

第二个时期：大约从20世纪20年代至50年代——现代工业设计形成与发展时期

市场经济的高速发展以及国际贸易竞争的需要，为工业造型设计进行系统教育创造了条件，在发达资本主义国家先后陆续建立了工业造型设计学校或专业。当时，年轻而富有才华的建筑师格罗佩斯（图1-6）（Walter Gropius1883—1969）于1919年4月1日在德国魏玛市首创了包豪斯国立建筑学院（Bauhaus）。该校致力于培养新型设计人才。他们的办学思想十分明确，即以工业技术为基础，以产品功能为目的把艺术和技术结合起来。强调设计的目的是人而不是商品和以解决问题为中心的设计观，在实践中发展了现代的设计方法和设计风格，大量运用新材料和根据材料特性发展出来的新结构，从而使设计的产品具有了新的使用功能和新的形式特征，使该时期的产品与旧的产品有了质的不同。图1-7所示为包豪斯设计学院教师布劳耶设计的瓦西里椅，是世界上第一把钢管椅。

图1-5 范德威尔德设计新艺术风格家具

包豪斯这种建立在以大工业生产为基础的设计观，奠定了现代工业产品设计的基本面貌，使包豪斯成为现代设计史上一个极为重要里程碑。包豪斯的理论原则是：废弃历史传统的形式和产品的外加装饰，主张形式依随功能，尊重结构的自身逻辑，强调几何造型的单纯明快，使产品具有简单的轮廓、光洁的外表。重视机械技术，促进标准化并考虑商业因素。图1-8所示为包豪斯风格台灯。这些原则被称为功能主义设计理论：即要求最佳地达到产品的使用目的，主张使产品的审美特征寓于技术的形式中，做到实用、经济、美观。功能主义设计理论的实践在工业设计的理论建设中具有重要地位。但其局限性则表现在：强调用大量的标准化生产去满足人们的社会需要，抹杀对个性的表现并忽视传统的意义。

图1-6 建筑师格罗佩斯

图1-7 布劳耶设计的瓦西里椅

图1-8 "MT8"灯

包豪斯学校的建立，标志着人们对工业设计认识的进一步深化并日趋成熟。包豪斯建校14年，共培养学生1200多名，并出版汇编了工业设计教育丛书一套14本。在这14年中，包豪斯学校的师生们设计制作了一批对后来有着深远影响的作品与产品，并培养出一批世界第一流的设计家。包豪斯最有影响的设计出自纳吉负责的金属制品车间和布劳耶（Marcel Breuer，1902—1981）负责的家具车间。如布朗特（Marianne Brandt）1924年设计的茶壶（图1-9）。包豪斯学校设计的许多产品都盛行了几十年，如米斯设计的巴塞罗那椅（图1-10），目前仍然被公认是现代设计的经典杰作，这充分验证了设计思想与理念的正确性。包豪斯对世界工业造型设计教育的发展具有不可磨灭的贡献。

图1-9 布朗特设计的茶壶

图1-10 米斯设计的巴塞罗那椅

包豪斯学校后因德国纳粹的迫害，被迫于1933年7月解散。格罗佩斯等人应邀到美国哈佛大学等校任教，其他一些著名的教育家、设计师亦相继赴美并在美国重建了包豪斯学校。这样，工业设计的中心即由德国转移到美国。他们的设计实践与美国正处于上升时期的工业生产力相结合，设计出不少优秀的工业产品，在美国的工业生产中发挥了重要作用，因此美国的工业产品设计从一开始就以实用且合理而著称。美国在第二次世界大战中本土未遭破坏，为工业设计的发展提供了理想的环境。加之其科学技术水平处于领先地位，又为工业设计提供了良好的条件。此外，1929年资本主义世界的经济危机造成商业竞争的加剧，许多厂商通过产品在市场销售中的激烈竞争逐步认识到产品设计的重要性，最终促进了工业设计的发展步入高潮。所以说，工业设计的普及化和商业化开始于德国，发展于美国，同时也推动了世界工业设计的发展。在这一时期以雷蒙德·罗维、提革、盖茨等为代表的一代设计大师，把工业设计与美国商业社会紧密结合起来，设计领域从日常用品到火车、轮船、飞机，范围非常广泛。欧洲的现代主义设计理想也正是在美国才得到了真正的实现。从此现代主义设计运动的中心由德国转移到了美国。

欧洲其他国家的工业设计由于各自的文化传统和地理环境的不同也表现出不同的特点。德国的设计一直重视现代主义的功能性原则，在设计上非常充分地发挥人机工程学的作用，但由于德国的设计师更多考虑的是人的尺寸、模数的合理性等物理关系，所以德国的设计是冷静的、高度理性的，甚至有时给人感觉似乎设计师缺乏对人与设计的心理关系的考虑。英国的设计古典而高贵，意大利的设计根植于其悠久历史和灿烂文化，强调文化性、艺术性、历史性，强调自己的传统，同时又十分强调创新。意大利人乐于应用新技术、新材料，接受新色彩、新形式和新美学观，追求新潮流。因此可以说，意大利的前卫设计引导着世界设计。意大利的设计浪漫而富有文化气息，设计师并不单纯把设计当成赚钱的工具，小批量、高品位、具有很强的艺术性是意大利设计的特点。北欧国家因为纬度偏高、日照时间短的原因，人们在室内生活的时间很长，使得设计与人的关系极为密切，这就要求设计必须关注人的心理感受。北欧各国的工业设计既保留了自己民族的手工艺传统，又不断吸收现代科技中新的、有价值的东西，一直具有理性与人性相结合的独特的个性。瑞典、挪威、芬兰、丹麦四国较早地注意到设计的大众化和人为因素，将人体工学的知识广泛应用在设计当中，使设计出的产品形态和结构符合人体的生理和心理尺度，并更具有人情味。他们的设计多采用有机形态和原始材料，被称为"有机现代主义"。他们提倡由艺术家从事设计，使设计走上与艺术相结合的道路。图1-11为雅各布森于1958年设计的天鹅椅和蛋椅；图1-12为阿尔托于1928年设计的扶手椅。这些作品都是有机现代主义的代表。这些国家的设计，都充分利用现代工业设计语言来表达传统的文化特点，因此看上去都有很强的民族风格。

图1-11 雅各布森于1958年设计的天鹅椅和蛋椅　　　图1-12 阿尔托于1928年设计的扶手椅

第三个时期：大约起始于20世纪50年代后期——多元化格局形成

二战结束后，随着科学技术的发展、工业的进步、国际贸易的扩大，各国有关造型设计的学术组织相继成立。为适应工业造型设计国际间交流的需要，国际工业造型设计协会（ICSID）于1957年在英国伦敦成立。这一时期，工业造型设计的研究、应用及发展速度很快，其中最突出的是日本，其技术和设备多从美国引进，但日本人在引进和仿制过程中注意分析、消化和改进，很快设计出了很有竞争力的产品。20世纪70年代后期，日本的汽车以其功能优异、造型美观、价格低廉，一举冲破美国的优势，在世界汽车制造业中处于举足轻重的地位。日本在引进美国、西欧有关工业造型设计系统理论的基础上，结合本国和世界贸易的特点，发展和完善了工业造型设计理论。日本的成功主要靠的是在政府的扶持下从设计教育入手，广泛吸收世界各国的设计和科研成果，融会贯通，通过开发设计新的产品来创造市场、引导消费。它的成功说明发展商品经济靠的不是物产和资源，而是靠分析市场信息、优良的设计和先进的技术。图1-13所示为卡西欧男士手表。

我国台湾是从1965年才开始兴办设计教育的，前后开办了8所设计院校，到1988年时，已培养出工业造型设计师3050人。由于台湾重视人才的培养，使其产品打入了国际市场，经济有了突飞猛进的发展。香港地区是从20世纪70年代中期兴办设计教育的，开办了3所设计院校。由于不懈努力，其电子、服装、玩具、制革品等已销往世界各地。

我国的工业造型设计正处于"亚设计"时代，即借鉴+改进+生产的设计流程。我国现代工业造型设计需要学习西方的设计文化，也需要对中国传统设计文化进行再学习，需要从设计的角度总结中国造型设计的精华。引进并消化西方先进设计养分是为了建立中国的工业造型设计事业，我们学习国外的经验，研究自己的历史，是为了创造具有中国特色的现代工业产品造型设计文化，既承认落后又坚定信心。图1-14所示为我国大陆设计的产品。

图1-13　卡西欧手表

图1-14　海尔电视

第三节　工业造型设计的基本组成要素及相互关系

产品的功能、造型、物质技术条件这三方面因素是构成工业设计的基本要素，这三者是有机结合在一起的，其中功能是产品设计的目的，造型是产品功能的具体表现形式，物质技术条件是实现设计的基础。

一、产品功能

功能是指产品所具有的某种特定功效和性能。工业产品都包含着物质功能、精神功能与使用功能。其中物质功能是产品的基本方面，产品的物质功能包括产品的技术功能和使用功能。技术功能是指产品本身所具备的结构性能、工作效率、工作精度以及可靠性和有效度；使用功能指人在使用产品的过程中，产品所具有的使用合理、安全可靠、舒适方便等宜人性因素，强调产品具有人—机—环境的协调性能；物质功能是指通过产品的技术含量作为保证，对产品的结构和造型起着主导性的作用，也是造型的出发点；精神功能则是物质功能的重要补充，并通过产品的造型设计予以体现。产品的精神功能包括审美功能和象征功能；审美功能是指产品的造型形象通过人的感官传递给人的一种心理感受，影响人们的思想并陶冶人们的情操；象征功能是指产品造型形象所代表的时代特征以及显示一定意义的作用（图1-15）。

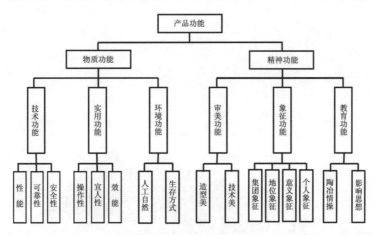

图1-15　产品功能系统

下面对这些功能分别加以阐述。

1. 实用功能

对产品而言，实用功能就是产品的具体用途，也可以把实用功能理解为作用、效用、效能，即一个产品是干什么用的。例如笔的功能是写字、电饭煲的功能是蒸饭或煲汤、手机的功能是通讯等。产品的实用功能是以一定的物理形态表现出来的，它是构成产品的重要基础。产品存在的目的是供人们使用，为了达到满足人们使用的要求，产品的形态设计就必定要依附于对某种机能的发挥和符合人们实际操作等要求。如电冰箱的设计，由于要求有冷藏食物的功能及放置压缩机和制冷系统的要求，其产品造型绝不会设计得像洗衣机那样。一些必须用手来操作的产品，其把手或手握部分必须符合人用手操作的要求。随着科学技术水平的不断发展，人们对产品的功能提出了更高的要求，由过去的一种产品一般只具有一种功能，变为一种产品可以具有两种或多种功能，例如手机的功能，已不仅仅用来通话，还可以用来听音乐、看视频、计时、计算、上网等。但是，产品的功能也不能任意扩大，因为功能过多就必定会造成利用率低，结构复杂，成本上升，维修困难等问题。因此，在产品设计中，一定要掌握和处理好产品与人们的实用特性之间的关系，有效地利用在各种环境中个别的或综合的作用，以便把产品的实用特性恰当地反映在产品设计上，使产品更正确、安全和舒适，更有效地为人服务。图1-16所示产品为多功能料理机，不仅能制作豆浆，还有加工新鲜的果汁及研磨功能等。

图1-16　多功能料理机

2. 环境功能

环境功能是指对人及放置产品（机器等）的场所的影响、周围环境条件在人和产品方面所发生的作用，其中物理要素是环境功能的主体。产品设计中环境因素也非常重要，环境的因素包括产品对使用环境的影响和对自然环境的影响。注意生态平衡，保护环境是设计发展的方向。例如在机车设计中要考虑路面、风景、气候、震动等对于车体的影响和作用，同时还须考虑机车的废气排放、噪声、速度、流量等对环境的影响，及车身回收处理，材料再利用等要求。图1-17所示为ALSTOM公司生产的火车。

图1-17　ALSTOM公司的火车

应特别强调指出：在赋予工业产品实用功能时，必须为人类创造良好的物质生活环境。随着社会的发展，工业产品设计应满足"产品—人—环境—社会"的统一协调越来越显其重要性。当世界各地越来越多地生产汽车、电冰箱时，却又给人类造成了大气污染、臭氧层的破坏，这些教训必须认真吸取。工业产品设计必须符合可持续发展的战略，"绿色设计"的提出与实施，即是时代的需要。

3. 美学功能

美学功能是指产品的精神属性，它是指产品外部造型通过人们视觉感受所产生的一种心理反应。美感来源于人的感觉，它部分是感情，部分是智力和认知。工业产品的美不是孤立存在的，它是由产品的形态、色彩、材质、结构等很多因素综合构成的，它具有独特的形式、社会文化和时代特征。随着社会的发展及物质的高度文明，人们对产品的美学功能要求也越来越高。产品的美学功能特点是通过人的使用与视觉体现出来的，因而产品功能的发挥不仅取决于它本身的性能，还要取决于它的造型设计是否优美，是否符合人机工程学、工程心理学方面的要求。要力求设计的产品使操作者感到舒适、安全、方便、省力，能提高工作效率，延长产品的使用寿命。此外，由于产品使用者之间在社会、文化、职业、年龄、性别、爱好及志趣等方面的不同，必然形成对产品形态审美方面的差异。因此，在设计一件产品时，即使是具有同一功能，也要求在造型上的多样化，设计师应利用产品的特有造型来表达出产品不同的审美特征（图1-18）。

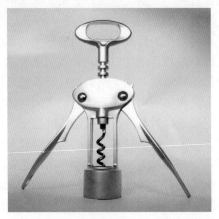

图1-18（a） 鹰意德 YYD 不锈钢红酒开瓶器　　　图1-18（b）　阿莱西设计的开瓶器

产品中的美学特征并非是孤立存在的，它是产品的功能、材料、结构、形式、比例、色彩等要素的有机统一。这一点，我们将在后面的章节中详细讨论。

4. 象征功能

由于教育、职业、经济、消费、居住及使用产品的条件等的差别，形成了一定的社会阶层。同时人们都希望自己的地位得到承认并向上一级迈进。地位，不仅是人在社会中的位置，而且还包含某种价值观念。在日常生活中，各社会阶层的人总是以其行为、言谈、衣着、消费及象征物的使用来显示其身份或地位特征的。产品的外观造型设计风格可以把拥有者和使用者的性格、情趣、爱好等特征传达给他人。比如，一个人喜欢一款运动型风格的多功能手表，我们就可以知道他爱好户外活动、具有青春活力；如果拥有劳斯莱斯汽车，就是一个人拥有财富的象征。这些产品的档次和价值都是通过其外观造型的设计风格体现出来的，因此，设计师在产品设计的过程中需通过深入的调查和分析，真正了解和掌握各消费层次的不同心理特征和他们的社会价值观念，恰当地运用设计语言和象征功能，创造出象征人们地位上升的产品，以满足不同层次消费者对产品的心理需求。

5. 社会功能

社会功能是指产品对社会或社会环境所产生的作用。其功能是受民族、文化、时代及集团的影响。如产品在整个国民经济发展中的战略地位，产品的文化、民族特点及对弘扬民族文化所起的作用，产品的可持续发展，产品在企业或集团中的形象作用等。设计师必须力求使自己设计的产品有益于社会，有益于人类的生态环境，有益于人们的身体健康。

二、造型

工业产品是由形态、色彩、材质诸元素构成的。造型就是指产品表现出来的形式，是产品为了实现其所要达到的目的所采取的结构形式，既具备了特定功能的产品实体形态，又反映了产品的思想内容。

产品的艺术造型是产品设计的最终体现。通过产品艺术造型，能使消费者了解到产品的具体内容。如产品的使用功能、使用对象、操作方式、使用环境及美学、文化价值等。

构成产品造型的元素很多，这些元素都是借助产品的功能、材料、结构、机构、技术和美学等要素体现出来的。过去把产品的造型仅仅看作美学在产品上的反映是片面的。另外，把美学与产品的功能、物质技术条件孤立起来看也是错误的。产品造型设计的美与纯艺术的美有着不同的法则，艺术美是一种纯自然的美，它可以是自然生成的，也可以是由艺术家的灵感而产生。艺术美只要被少数知音所理解，就可以视为成功。设计美则必须满足某一特定人群的需要。随着社会的进步，科学技术的发展以及人们视觉审美素质的提高，人们对设计美的概念有了新的认识。设计美不再是在别人已经完成的产品上面画蛇添足地加以美化和点缀来装饰，或者只是纯视觉形式上的花样翻新，它是美学形态与产品功能结构的完美结合。从产品造型的整体上看，产品的功能、物质技术条件和美学之间有着十分密切的内在关系。它们之间相辅相成，互为补充。对一个产品而言，功能的开发或体现必定要通过对某些材料或结构的选定。一种新材料的选用，往往能引发起某种新的产品结构形式的形成，而新材料、新结构又会以其科学、合理的物理特性和精神特性，形成其独有的美学形式，并通过适当的比例和和谐的色彩等所构成的特有形式使产品的功能发挥得更趋贴切合理。事实上，结构合理、满足功能的产品通常都是美的。美与生俱来就是与产品的形态结构和功能联系在一起的。因此，对上述要素进行综合的、科学合理的创新运用，必定会给产品造型的创新注入新的活力。

三、物质技术条件

产品采用不同的制造技术、材料的加工手段，决定着工业产品具有不同的特征和相貌，这方面的因素人们把它叫作"物质技术条件"；物质技术条件是产品得以成为现实的物质基础，功能的实现要靠正确地选择构成产品的材料。它随着科学技术和工艺水平的不断发展而提高。

1. 材料

造型离不开材料，因此材料是实现造型的最基本物质条件。它给产品造型以制约，同时又给它以推动。以新材料、新技术引导而发展的新产品，往往在形式与功能上给人以全新的感觉。人类在造物活动中，不仅创造了器物，而且创造了利用材料的方法和经验。随着材料科学的发展，各种新材料层出不穷，并且发生着日新月异的变化，这些都为人类造物创造了更加广阔的天地。如塑料材料的发明与注塑技术的成熟，导致了新一代塑料制品的出现。对材料的熟练掌握是一位合格设计师应具备的职业素质之一，了解材料并合理地使用材料将成为其设计过程中一个极其重要的环节。

实践证明，若材料不同，其加工工艺不同，结构式样不同，所得到的外观艺术效果也不尽相同。另一方面，因为人们的经历、生活环境及地区、文化和修养、民族属性及习惯的不同，对材料的生理感受和心理感觉是不完全相同的，所以对感觉物性只能作相对的判断和评价。因此，一个好的工业产品设计必然要全面地衡量这些因素，科学合理地选择材料，抓住人的活动规律与特点，从而最佳程度地发挥材料的物理特征与精神特征。图1-19所示为苹果（Apple）公司于1998年8月15号推出的蓝色半透明的iMac G3，圆滑的可爱造型，加上当时可称为时尚的半透明外壳，正式开启了iMac辉煌的建立，当年销售量达到200万台。

2. 结构

如果说功能是系统与环境的外部联系，那么结构就是系统内部诸要素的联系。功能是产品设计的目的，而结构是产品功能的承担者，又是形式的承担者，因此产品结构决定产品功能的实现。产品的

图1-19 iMac G3

高性能、多功能依靠科学合理的结构方式来实现。有时当产品的功能相同而结构不同时，其造型的形态也不同。产品的结构是构成产品外观形态的重要因素，在结构设计中要使产品的结构与外观形态进行很好的结合，尤其是有些产品的外形本身就是结构的重要组成部分。另外，在产品设计中，结构的形式除了满足和实现产品的功能外，它和所选用的材料也是密切相关的。结构会受到材料和工艺的制约，不同材料与加工能实现的结构方式也会有所不同。如一个供工作或学习用的台灯，就包含了一定的结构内容。台灯如何平稳地放在桌面上，灯座与灯架如何连接，灯罩如何固定，如何更换灯泡，如何连接电源开关等，这些问题都涉及产品的结构。可见，产品功能要借助某种结构形式才能实现。因此不少新的产品结构正是伴随着人们对材料特性的逐步认识和不断加以应用的基础上发展起来的。图1-20所示为CD播放器，精确的结构设计散发着工业产品的优良品质。

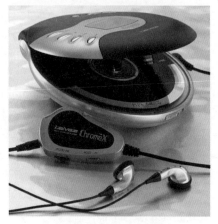

图1-20　CD播放器

　　从原始社会人类使用的石刀、石斧、陶罐、陶盆到当今社会人们使用的各种工具、机械、家用电器等，产品的造型与结构已发生了根本性的变化，而这些变化无不和人类对产品功能开发和新材料的创新、应用密切相关。总之，产品结构与产品的功能、材料、技术和产品形态之间有着十分紧密的内在联系，它是产品构成中一个不可缺少的重要要素，因此，设计师必须考虑产品造型对人的生理和心理的影响，操作时的舒适、安全、省力和高效已成为产品结构和造型设计是否科学和合理的标志。

　　3. 机构

　　机构是实现产品功能重要的技术条件。通过一定的机构作用，产品的功能用途才能获得充分的发挥和利用。例如，汽车或自行车，离开了它们的传动机构，也就失去了作为"交通"这一主要的功能目的。

　　产品机构的设计，一般属于工程设计的范畴。但由于机构是产品构成中的一个重要要素，从产品设计的角度看，机构与产品设计有着十分紧密的内在联系。机构除了实现或满足产品的使用功能外，机构的创新与利用也直接影响到产品的外部形态。图1-21所示为环形折叠自行车设计。我们可以从一些机械产品发展到电器、电子产品的过程中明显地感受到这一点。从更广的角度看，机构还涉及能源的消耗与利用、环境污染及产品的可持续发展等问题。因此，作为工业设

图1-21　环形折叠自行车

计师，必须深刻理解机构与产品设计的关系，懂得和理解有关专业部门提供的有关机构方面的资料，以便为进行更深层次的设计打下良好的基础。

4. 产技术与加工工艺

生产技术与加工工艺是产品设计从图纸变成现实的技术条件，是解决产品设计中物与物之间的关系，如产品的结构、构造，各零部件之间的配合、机器的工作效率、使用寿命等问题。产品设计必然要和生产技术条件联系起来。换言之，只有符合生产技术条件的设计才具有一定的可行性。工艺方法对外观造型影响很大，相同的材料和同样的功能要求，若采用不同的工艺方法，所获得的外观质

图1-22　美国加州的设计师
Garry Knox Bennett对Z形椅的不同衍变

量和艺术效果也是不相同的（图1-22）。在某种意义上说，工艺水平的高低也就是造型设计水平的高低。此外，一个企业的生产技术与加工工艺水平，最终将在产品形态中得到全面的体现。落后的生产技术和加工工艺不仅会降低产品的内在质量，同时也会损害产品的外在形象。外观造型的安全性、符合生产工艺和批量生产的要求也是设计中必须认真解决的问题。因此，产品的生产技术与加工工艺是达到设计质量的重要保证。

在今天，科学技术的飞速发展，生产技术与加工工艺正发生着日新月异的变化，因此作为设计师必须关注新技术的发展动向，使设计的产品在符合生产可行性的前提下，更具科学性和先进性。

5. 经济性

产品要加工制造，必定要耗用一定的人力、物力、财力和时间，力求以较少的投入，获得更大的产出。往往经济性制约着造型方案的选用、加工方法的选择以及面饰的采纳（详见本书第二章）。

四、三要素相互关系

产品的三要素同时存在于一件产品中，它们之间有着相互依存、相互制约以及相互渗透的关系（图1-23）。其中，功能是产品的主要因素，起主导和决定性作用，是使用者必需的；造型是体现产品功能的具体形式，要依赖于物质技术条件的保证来实现；物质技术条件是实现产品功能和造型的基础和保障。物质技术条件不仅要根据物质功能所引导的方向来发展，而且它还受产品的经济性所制约。

产品的功能决定着产品的形态和造型手段，不同类型的产品其面貌千差万别的原因所在，就是由于其功能的差异，导致造型的不同。但产品的造型与功能又有其统一性，对于同一产品的功能往往与其造型有着相应的关系，可以采取多种形态相对应。例如各种钟表的造型，只要求它们能反映和体现出其功能，并符合其功能要求就可以了，所以同类的产品在其造型上会有不同的差异性（图1-24）。对于这种功能与造型之间的不确定关系，不仅为产品造型设计提供了多种多样的可能性，也决定了设计的主动性。但是需要强调的是：任何一种造型都应该有利于功能的发挥和完善，否则会使产品造型设计变成一种纯粹的式样设计。功能决定"原则形象"，内容决定"原则形式"，这是现代设计的一个基本原理。设计师在任何时候都要了解自己设计的产品功能所包含的内容，并使造型适应它、表现它。造型本身也是一种能动因素，具有相对的独立价值，它在一定条件下会促进产品功能的改善，起到催化剂的作用。

图1-23　产品三要素关系　　　　　　　　图1-24　手表不同造型

物质技术条件是实现产品功能与造型的根本条件，也是构成产品功能与造型的中介要素。材料本身的质感、加工工艺水平的高低都直接影响造型的形式美。材料和结构之间存在着比较确定的关系，而结构与功能之间却是一种不确定的关系，所以材料与功能之间也具有不确定关系。因此，为了实现同一功能，人们可以选择多种材料，而每一种材料都可以形成合理结构，并实现所要达到的功能相应产生的造型形式。例如，用不同的木材、金属等材料制成的产品椅子，虽然它们的材料、结构和造型不同，但都可以实现同样的"坐"的功能（图1-25），正是这种功能、造型和材料之间的不确定关系，形成了形态各异的椅子造型。然而不同的材料有着不同的特性和结构特征，必须通过各种加工手段来完成实现产品造型，所以，制造技术同样制约着产品的功能与形态。

图1-25（a）　金属材质座椅　　　　　　　　图1-25（b）　藤椅

功能和技术条件是在具体产品中完全融为一体的。造型艺术尽管存在着少量的以装饰为目的的内容，但事实上它往往受到功能的制约。因为，功能直接决定产品的基本构造，而产品的基本构造又给造型赋予一定的约束，同时又给造型艺术提供发挥的可能性。物质技术条件与造型艺术休戚相关，因为材料本身的质感、加工工艺水平的高低都直接影响造型的形式美。尽管造型艺术受到产品功能和物质技术条件的制约，造型设计者仍可在同样功能和同样物质技术条件下，以新颖的结构方式和造型手段，创造出美观别致的产品外观样式。

总之，工业设计的物质功能、物质技术条件和造型艺术三者之间是相互依存、相互制约又相互统一的辩证关系。除了上述三个基本要素之外，还有使用环境这一重要因素。因为任何产品都是其环境中的一个构成因素，必须考虑产品在环境中的作用，研究其功能、造型、材料等因素是否与使用环境协调统一。要有人—机—环境和谐的整体观念，才能使工业设计变为创造人类更美好生活的一种活动，使工业产品真正地满足人们的物质需求和精神需求。

第四节　工业造型设计的特征

工业产品造型设计与其它艺术设计都具有一定的审美功能，因此它们都有着一定的内在联系，这种联系，发生在工业产品造型设计所从属的技术美学与其他艺术所从属的艺术美学之间的共同点上。由于工业产品造型设计具有强烈的科技性，因此又具有自身的特性。

（1）工业产品造型设计可以通过以不同的物质材料和工艺手段所构成的点、线、面、体空间、色彩等造型元素，构成对比、节奏、韵律等形式美，以表现出产品本身的内容，使人产生一定的心理感受，如图1-26所示。

（2）产品造型设计是以科学与艺术相结合为理论基础的，它不同于传统的产品设计。从产品造型的角度看，设计构思不仅要从一定的技术、经济要求出发，而且要充分调动设计师的审美经验和艺术灵感，从产品与人的感受和活动的协调中确定产品功能结构与形式的统一，也就是说，产品造型设计必须把满足物质功能需要的实用性与满足精神功能需要的审美性完美地结合起来，在具有实用功能的同时，又具有艺术的感染力，满足

图1-26　座椅设计

人们的审美要求，使人产生愉快、兴奋、安宁、舒适等感觉，能满足人们的审美需要，并考虑其社会效益，它"既是艺术的，又是科学的一个部门"，这就构成了工业设计学科的科学与艺术相结合的双重性特征。

（3）工业产品造型设计是产品的科学性、实用性和艺术性完善的结合，是功能技术和艺术创作完美结合的结果。产品造型的创作活动，需要多专业、多工种甚至多学科的相互协同合作，同时受功能、物质和经济等条件的制约。工业产品造型设计不同于一般的艺术，它是在强调产品具有实用性和科学性的前提条件下，才系统地考虑产品的艺术性，具有科学的实用性，才真正体现出产品的精神功能，工业产品具有实用性，它才能被消费者接受，才有市场。

（4）工业产品造型具有较强的时代感和时尚性的特征。造型设计要反映时代的艺术特征，概括时代精神，体现当代的审美要求，把现代科学的飞速发展同艺术的现代化有机地联系起来，反映出时代感。

（5）任何产品都是供人使用的。所以，产品制造出来后必须让人在使用过程中感到操作方便、安全、舒适、可靠，并能使人感到人与机器协调一致，这就要求在产品设计构思过程中，除了从物质功能角度考虑其结构合理、性能良好，从精神功能角度考虑其形态新颖、色彩协调等因素外，还应从使用功能的角度考虑到其操作方便、舒适宜人（图1-27）。因为产品性能指标的实现只能说明该产品具备了某种潜在效能，而这种潜在效能的发挥是要靠人的合

理操作才能实现，产品设计应该运用人机工程学的研究成果，合理地运用人机系统设计参数，设计中应充分考虑人机协调关系，为人们创造出舒适的工作环境和良好的劳动条件，为提高系统综合使用效能和使用舒适性服务。

（6）一般来说，产品的功能价值及其经济性是制约和衡量产品设计的综合性指标之一，要达到合理的经济性指标，就要进行功能价值分析，保证功能合理。例如，手表的基本功能是计时，至于防水、防磁、防震、夜光、日历、计算器等功能要素则是为了某种需要加上去的辅助功能。辅助功能的添加必须综合考虑到销售地区消费人员的文化

图1-27　可爱的蜜蜂图钉

层次、兴趣爱好、经济水平等因素。若从产品的经济性与时尚性的关系上讲，则有产品的物质老化与精神老化、有形损耗和无形损耗等一系列问题。产品的精神老化和无形损耗会在产品价值和寿命上起着相当重要的作用。所以，产品设计应当考虑物质老化和精神老化相适应，有形损耗和无形损耗相同步，实用、经济、美观相结合等问题，只有这样，才能达到以最少的人力、物力、财力和时间而收到最大的经济效益，获得较强的市场竞争力。

工业产品造型设计的以上特征，在不同的产品设计中都应得到不同的反映，这些特征在设计中的体现有时是隐含的，有时却是显现的，而这些表现就是人们常说的设计水平的高低，这种水平往往难以量化，就使得产品设计变化无穷，这就是工业产品造型设计的魅力所在之处和永无止境的原因。总之，工业造型设计具有科学的使用性，才能体现产品的物质功能；具有艺术化的实用性，才能体现产品的精神功能。某一时代的科学水平与该时代人们的审美观念结合在一起就反映了产品的时代性。

第五节　工业造型设计的原则

工业造型设计的三个基本原则是：实用、美观、经济。其中，实用是产品的生命，美观是产品的灵魂，经济是两者制约的条件。

一、实用

从产品的使用性方面来讲，实用性通常是指产品具备先进和完善的多种功能，并且使这些物质功能得到最大限度的发挥。产品的用途决定产品的物质功能，产品的物质功能又决定产品形态。大自然界的一切事物，按照"适者生存"的自然法则，创造了自身最佳的形体，这也说明了"功能决定形态"的造型原则。因此产品的功能设计应该体现功能的科学性、先进性、操作的合理性和使用的可靠性，具体包括以下几个方面。

1. 适当的功能范围

功能范围主要是指产品的应用范围，确定产品适当的功能范围是十分重要的。设计产品的主要目标是提高产品价值，价值是产品功能与成本的综合反映。现在，许多发达国家注重价值工程（Value Engineering，简称VE）的研究，就是为了在开发产品时注意从功能分析入手，实现必要的功能，去除多余的功能，降低成本，有效地提高产品的价值（图1-28）。同时，确定适当的功能范围，会带来设计方便、结构简单、重量较轻、制造维修方便、实际利

图1-28　简约的削皮器

用率提高及成本不会过高等优点。因此，现代工业产品功能范围的选择原则是既完善又适当。产品的功能应根据需要来确定。对于同类产品中功能有差异的产品，可设计成系列产品。

2. 优良的工作性能

工作性能是指产品的机械性能、电气性能、物理性能等和该产品在牢固、结实、安全、耐久、速度、安全、稳定等各个方面所能达到的程度，这些都是产品内部质量的指标。就设计过程而言，首先确定的是工作性能，在通过对材料与加工方法的选择，形态的确立，进而使工作性能具体化。当然，也可以根据材料、加工方法的特性，并通过其不同的组合方式去发现新的工作性能。工作性能是反映产品内部质量的主要技术指标，是产品质量的核心内容。在造型设计中，要处理好外观质量与工作性能的适应关系。一般情况下，凡是高精度的产品，其外观的艺术效果应该是高贵、雅致、精细。要利用一切艺术手法，产生造型美的效果。当然，也应避免单纯追求艺术效果，而忽视或影响产品工作性能的发挥。产品造型设计必须使外观形式与工作性能相适应，比如性能优良的高精密产品，其外观也要令人感觉贵重、精密和雅致。

3. 科学的使用性能

产品的物质功能只有通过人的使用才能体现出来。现代科技和工业的发展，许多高精产品的操作要求是高效、精密、准确、合理、可靠。高效，即产品正常工作时所具有的良好性能，这是产品存在的依据。在不同情况下产品具有不同的"适用性"功能。这一切要围绕人的使用动作、行为的适宜，也要考虑到发展、变化着的使用要求；精密、准确，表现为构造原理、零部件联结，是否精细、优良；所谓合理性就是使用方式要合乎客观规律，要合乎人的生理、心理需要，这就是正确协调人与产品的关系，研究和解决各种产品的结构和形成与人相关的各种功能最优化，才能使人更正确、迅速、舒适、有效地使用产品（图1-29）。操作使用时的舒适、安全、省力、快捷和高效已经成为衡量产品结构和造型设计科学性、合理性的重要标志。

二、美观

工业造型设计的美观是指产品的造型美，是产品精神功能所在，是产品整体体现出来的全部美观的综合。美是一个综合、流动、相对的概念，因此产品造型美也就没有统一的绝对标准。产品造型美是多方面美感的综合，如形式美、结构美、材料美、工艺美、时代感和民族风格等。

形式美是造型美的重要组成部分，是产品视觉形态美的外在属性，也是人们常说的外观美。影响形式美的因素主要有形态构成及色彩构成，而指导这两个产品外观造型要素的组合，即是形式美法则。

材料质地的不同，会使人产生不同的心理感受。材质美的重要性体现在材质与产品功能的高度协调上。

图1-29　多功能烤箱

工业产品造型设计

人的审美随着时代的发展而变化，随着科学技术、文化水平的提高而发展。因此，造型设计无论在产品形态上、色彩设计上和材料质地的应用上，都应使产品体现出强烈的时代感。

造型设计必须考虑社会上各种人群的需要和爱好。性别、年龄、职业、地区、风俗等因素的不同，所具有的审美观也不同，因此产品的造型要充分考虑上述因素的差异，使产品体现出广泛的社会性。

世界上每一个民族，由于各自的政治、经济、地理、宗教、文化、科学及民族气质等因素的不同，逐渐形成了每个民族所特有的风格。工业产品造型设计由于涉及民族艺术形式，因此也体现出一定的民族风格。以汽车为例，德国的轿车给人的感觉是比较传统，线条坚硬、挺拔。如闻名于世的奔驰、宝马、大众等德国名车，线条挺拔而有力度，造型严谨而传统，都给人以一种坚固和耐用的感觉，如图1-30所示。美国的轿车豪华、富丽，一般比欧洲轿车更宽、更长，车身线条舒展流畅、强劲有力，前脸是华丽的栅格，车窗周围镶有镀铬亮条，而且车舱也十分宽大，令人很容易辨认，如图1-31所示。

图1-30　德国宝马汽车　　　　　　　　　　图1-31　美国通用汽车

日本的轿车轻巧、简洁、美观。随着高科技的推广，日本轿车在设计上也开始兼具了欧美轿车的一些优点，同时又保持自己的设计特点，可以说是兼收并蓄（图1-32）。法国的轿车线条简练，精巧灵活，极富动感和充满活力，这恰好就像法国人那种热情、浪漫、灵活、机敏的个性，法国轿车的造型往往就和法国巴黎的香水和时装那样，都是引导潮流的（图1-33）。英国轿车就像其民族一样，给人一种保守而尊贵之感，它比德国轿车更保守、更严肃（图1-34）。它们都体现出各自的民族风格。

图1-32　日本三菱汽车　　　　图1-33　法国雪铁龙汽车　　　　图1-34　英国劳斯莱斯汽车

三、经济性

经济性原则是指产品造型的生产成本低、价格便宜，有利于批量生产，有利于降低材料消耗、节约能源、提高效率，有利于产品的包装、运输、仓储、销售以及维修等方面。产品经济性设计是产品商品化的基础，是产品最终走向消费者的必经之路。产品的商品性又使产品与市场、销售和价格有着不可分割的联系，因此造型设计对于产品价格有着很大的影响。新工艺、新材料的不断出现，使产品外观质量与成本的比例关系发生了变化。低档材料通过一定的工艺处理（如非金属金属化、非木材化、纸质皮革化等）能具备高档材料的质感、功能和特点，不仅可降低成本，而且提高了外观的形式美。

在造型设计活动中，除了遵循价格规律、努力降低成本外，还可以对部分工业产品按标准化、系列化、通用化的要求进行设计，使空间的安排、体块的组织、材料的选用紧凑、简洁、精确、合理，以最少的人力、物力、财力和时间，求得最大的效益。经济的概念也有其相对性，在造型设计过程中，只要做到物尽其用，工艺合理，避免浪费，应该说是符合经济原则的。经济性与实用性是联系在一起的。实用而不经济，不具有市场竞争力，反过来，经济而不实用同样也不能很好地发挥产品的物质功能，也不会具有市场竞争力。

众所周知的丹麦PH灯具设计，如图1-35所示，一方面，从科学的角度，该设计使光线通过层累的灯罩形成了柔和均匀的效果（所有的光线必须经过一次以上的反射才能达到工作面），从而有效消除了一般灯具所具有的阴影，并对白炽灯光谱进行了有益的补偿，以创造更适宜的光色。而且，灯罩的阻隔在客观上避免了光源眩光对眼睛的刺激。经过分散的光源缓解了与黑暗背景的过度反差，更有利于视觉的舒适。在这里，科学自觉地充当了诠释"以人为本"设计思想的渠道。另一方面，灯罩优美典雅的造型设计，如流畅飘逸的线条、错综而简洁的变化、柔和而丰富的光色使整个设计洋溢出浓郁的艺术气息。同时，其造型设计适合于用经济的材料来满足必要的功能，从而使它们有利于进行批量生产。可以说，科学与艺术的完美结合促进了"PH"灯具在世界范围的经久不衰。"PH"灯具是实用的，而且能满足多种功用目的，是方便宜人的，它那中意的尺度、比例，都令人在使用时不自觉地产生一种愉悦的感受。与此同时，它们是最经济的，就地取材，应自然地势和气候条件，用最少的劳动和能量投入来构筑和管理。它们都是美观的、有文化意蕴的，这种美和文化意蕴是和使用者相关的。所有这些都构成了设计的魅力。

图1-35　汉宁森设计的PH灯系列

第二章 工业产品造型设计原理及思维

第一节 系统化设计原理

一、系统论设计思想概述

系统论，又称普通系统论或一般系统论（GST），是美籍奥地利理论生物学家贝塔朗菲首创的一门逻辑和数学领域的科学。系统论首先从对理论生物学、非平衡态热力学及控制器的具体规律的研究上升到对复杂系统一般规律的研究，再上升到对一切系统的共同规律的研究。当然，系统论发展到今天已不仅仅限于此，而成为各个领域具有革命性的新的方法论。

系统论设计思想的核心，是把工业设计对象以及有关的设计问题，如设计程序和管理、设计信息资料的分类整理、设计目标的拟定、人—机—环境系统的功能分配与动作协调规划等视为系统，然后用系统论和系统分析的概念和方法加以处理和解决。所谓系统的方法，即从系统的观点出发，始终着重于从整体与部分之间、整体对象与外部环境之间的相互联系、相互作用、相互制约的关系中综合地、精确地考查对象，以达到最佳处理问题的一种方法。其显著特点是整体性、综合性、最优化。

1. 整体性

整体性是系统论思想的基本出发点，即把事物整体作为研究对象。各种对象、事件、过程等都不是杂乱无章地偶然堆积，而是一个合乎规律的、由各种要素组成的有机整体。构成系统的各层子系统都各具特定的功能和目标，它们彼此分工协作，才能实现系统整体功能和目标。构成整体的所有要素都是有机整体的一部分，它们不能脱离整体而独立存在；系统整体的功能和性质又是其各个组成部分或要素所不具备的。因此，如果只研究改善某些局部问题，而其他子系统被忽略或不健全，则系统整体的效益将受到不利的影响。整体性就是从系统的整体出发，着眼于系统总体的最高效益，而不只局限于个别子系统，以免顾此失彼，因小失大。

2. 综合性

系统论方法是通过辩证分析和高度综合，使各种要素相互渗透、协调而达到整个系统的最优化。综合性有两方面含义，一是任何系统都是一些要素为特定目的而组成的综合体，如产品就是功能、结构、技术、材料、形态、色彩等组成的综合体；二是对任何事物的研究，都必须从它的成分、结构、功能、相互联系方式等方面进行综合的系统考察。

3. 最优化

所谓最优化就是取得最好的功能效果，即达到选择出解决问题的最好方案。最优化是系统论思想和方法的最终目标。根据需要和可能，在一定的约束条件下，为系统确定最优目标，运用一定的数学方法等获得最佳解决方案。

由此可见系统论的设计思想主要体现在解决设计问题的指导思想和原则上，就是要从整体上、全局上、相互联系上来研究设计对象及有关问题，从而达到设计总体目标的最优和实现这个目标的过程和方式的最优。

当今科学技术的发展已使产品中许多相关的技术问题变得较容易解决，但是，新产品的发明、创造和开发是与应用的科学基础强弱成正比的。由于在产品设计上可利用的生产设备、方法、技术、材料和加工方法等日渐繁多，工业社会组织与产品形态亦渐趋复杂，而产品在市场上的需求趋势还随着生活水平的提高而变化。因此，当今已不像从前设计一件产品来得那么单纯。总之，现代设计的环境复杂化了，应考虑的问题和涉及的因素越来越多，设计师如欲在产品开发设计的全过程中充分掌握其全盘性和相互联系及制约的细部各问题，一定要有系统的观念，这样才能更好地控制各设计因素，以便提纲挈领地解决设计问题。

二、系统的基本概念

英文"System"一词，来源于古希腊语，是由部分组成整体的意思。今天人们从各种角度上研究系统，对系统下的定义不下几十种。中文对System解释也有许多，诸如：体系、系统、体制、制度、方式、秩序、机构、组织等。而一般系统论则试图给一个能描述各种系统共同特征的、一般的系统定义，通常把系统定义为：由若干要素以一定结构形式联结构成的具有某种功能的有机整体。在这个定义中包括了系统、要素、结构、功能四个概念，表明了要素与要素、要素与系统、系统与环境三方面的关系。

"系统"是一个外延甚广的概念，一切相互影响或联系的事物（物体、法则、事件等）的集合都可以视为系统。对于工业设计而言，关键的问题不在于对系统作出严密的定义，而在于对系统内涵及特性的理解，以利于正确掌握和领会系统论设计思想和方法，指导设计实践。一般而言，我们可以把系统理解为：由相互有机联系且相互作用的事物构成，具有特定功能的一种有序的集合体。关于系统的内涵可从以下几个方面来理解。

① 系统是由多个事物构成的，是一种有序的集合体。单一的事物元素，是不能作为系统来看待的，如一个零件、一个方法、一个步骤等。

② 系统中的各个构成元素是相互作用、相互依存的，无关事物的综合不能算作系统。

③ 某事物，是否是系统并不是绝对的，这要从看待该事物的角度而定。如从生产线的观点看，某生产线的一部机器不是系统，而只是该生产线系统中的一个元素。但从这台机器的角度看，该机器的各零部件则构成了该机器系统。

④ 从层次的观点看，一个系统可以包含若干子系统，子系统也可以包含若干子系统等。所以关键的问题在于看待事物的角度。

总之，系统的内涵是明确的，并不是任一事物都能称为系统。同时，系统的概念也是相对的，它取决于人们看事物的方法。从这种意义让说系统的概念不是告诉我们世界本身是什么，而是要告诉我们应该怎样看世界。

三、产品设计系统观

产品作为人类智慧的产物，是由若干个相互联系的要素构成的集合体。产品设计活动便是构成这一集合体的过程，而这个过程本身又是若干过程的集合体，即由相互作用、相互依赖的若干组成部分结合而成的具有特定功能、达到同一目的的有机整体。因此，我们要建立这样一个观念：产品设计是一个过程系统，而且，从属于更大的系统。这一观念的意义在于：将改变产品设计概念局限于单纯的技能和方法的认识，而将产品设计纳入系统思维和系统操作的过程。

将设计的概念从实物水平上升到复杂的系统水平。这与当前科学技术和社会的发展是相适应的。

自从建立了工业设计概念以来，产品从设计到生产制造，到成为商品进行流通，直到进入人们的生活，无不受到科学技术发展的影响。每一个时代的理论思维都是历史的产物。历史进展到今天，现代科学发展呈现出两个重要的趋势影响着产品设计和设计思维，即分支化和一体化的趋势。具体表现为：一是人们观察问题的眼光由"实物中心"逐步转向"系统中心"，人们在产品设计活动中不仅仅是对其本身实体的认识，而是作为一个系统，作为某个更大的系统的部分、要素和组成来认识，转向系统事物的发生、过程、功能、关系的认识；二是科学一体化的发展趋势，打破了学科之间的界限，使不同学科之间、不同学科认识对象之间存在着共同的规律；三是人们不仅以解剖学的眼光来看待各个局部或学科的分支，而且越来越重视事物的整体以及整体内部的关系。科学知识整体化趋势使科学知识走向综合。尤其是近20年来我们面临从工业社会向信息社会转变之际，工业信息化扑面而来，使社会产业结构发生了变化，使生产、投入和产出的概念有了新的内容。从产品决策、开发设计方法、生产制造方式，到企业组织、控制生产过程和进行营销管理方法等，都在发生巨大的变化，从各个方面影响着产品开发设计的目的、手段和思维方法。产品从设计到生产，到商品化，直至消亡，整个过程犹如生命周期系统，每个环节要素都要在同一目的的驱使下从属产品的循环系统且从属于更大的社会生态系统。

1. 产品系统三因素

产品系统与任何系统一样，宏观上是由物质、能量和信息构成，而在存在方式和属性上却表现为要素、结构和功能因素，这也是产品系统的核心。

（1）要素

要素和系统是一对相对存在的范畴。任何系统都是由若干相互联系的要素构成的有机体。离开要素就无所谓系统。例如：企业生产系统是由人、财、物等要素所构成。产品系统的要素至少包括两个层级的概念：如图2-1所示为产品系统的基本要素，这些要素是相对于所组成的系统而言的——要素是系统的部分，系统是要素的整体。

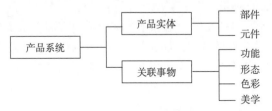

图2-1 产品系统的基本要素

（2）结构

结构是若干要素相互联系、相互作用的方式。如果说没有要素的部分就没有整体的话，那么也就没有诸要素之间的相互联系、相互作用的方式，也就失去了结构性质的规定性——有机性。例如：现在的移动通讯系统，包含了各个要素，其中包括随身手机、中继站、卫星传送等。将这些要素连接起来，形成网络，便构成了一个完整的通讯系统。这个无形的网络即为这个系统的结构。因此，了解系统的结构有着关键的意义。结构是对系统内在关系的综合反映，是系统保持整体性及具有一定功能的内在依据。系统结构具有以下几个特征。

① 有序性 任何系统都是按照一定的规律性构成自身的特征，这种规律性往往是通过一定的时空状态体现出来的。

② 整体性 结构在时间和空间上的有序性，使结构内部诸要素之间的相互联系和相互作

用，形成了一个有机的整体。它使系统中各要素失去了孤立存在的性质和功能，要素之间形成了相互依存的关系。以通讯系统为例，网络作为整个系统的结构，使该通讯系统中的各个要素在一定的秩序下形成一个整体，保持整个系统的正常运作。

③ 稳定性 系统结构的有序性和整体性，会使系统内部诸要素之间的作用与依存关系产生惯性，即显现出动态平衡态从而维持着系统的稳定性。以通讯系统为例，在网络的作用下，系统中各要素按某种秩序形成一个整体，即移动通讯系统，该系统有别于其它通讯系统（如有线通讯系统）。在移动通讯系统的内部，各要素间保持着依存的关系，而且这种关系是稳定的和相互作用的。当手机的需求量增加，系统就必须扩容，负载能力加强了。反过来又会促进系统结构趋于优化：无论是哪个环节发生变化，其它环节必然与之相通应。这就是系统内部通过涨落保持稳定。

（3）功能

如果把系统内部各要素相互联系和相互作用的方式或秩序称为系统的结构，那么与之相对应，把系统与外部环境相互联系和作用过程的秩序及能力称为系统的功能。系统的功能体现了与外部环境之间物质、能量和信息输入与输出的变换关系。

总之，系统的结构是系统内部各要素相互作用的秩序，而功能则是系统对外界作用过程的秩序。结构与功能所说明的是系统的内部作用与外部作用的关系。功能是一个过程，体现了系统外部作用的能力，因而是由系统整体的运动表现出来的，是系统内部固有能力的外部体现，它归根到底是由系统内部结构决定的。系统功能的发挥，既有受环境文化制约的方面，又有受系统内部结构制约和决定的方面。环境的特点和性质的变化往往会引起系统的性质和功能的变化。由于系统的作用不同，也会引起环境变化，两者相互作用的结果，有可能使系统改变或失去原有的功能。

系统与环境是根据时间、空间及所研究的问题的范围和目标来划分的。所以，系统与环境是个相对的概念。一个系统的环境可以看作更大系统的一个子系统；同时，一个子系统还可从更大系统中分离出来，变成一个独立的系统。那么，大系统其它部分就成了该系统的环境。

2. 系统化设计方法的应用

一个产品系统的设计，包括系统分析和系统综合两个方面。系统分析是系统综合的前提，通过分析，为设计提供解决问题的依据，加深对设计问题的认识，启发设计构思。没有分析就没有设计，但分析只是手段，对分析的结果加以归纳、整理、完善和改进，在新的起点上达到系统的综合，这才是目的。系统分析和综合是系统论的基本方法，它不要求像以前那样，事先把对象分成几部分，然后再进行综合，而是将对象作为整体对待，其基本的原则是局部与整体相结合，从整体和全局上把握系统分析和系统综合的方向，以实现整体系统的和谐高效为总目标。

系统是一系列有序要素的集合，各要素之间具有一定的层次关系和逻辑联系。揭示系统要素之间的关系是系统分析的主要任务。系统分析除了整体化原则之外，也还要遵循辩证性原则，把内部、外部的各种问题结合起来，局部效益与整体效益结合起来。产品设计具有特定的目标和使命，与此有关的各个子系统，如功能系统、人—机—环境系统等，均以整体的全系统的目的与使命作为确定自身目标的依据。没有达到整体目标的设计，无论其各个局部或子系统的经济性、审美性、技术功能等多么优秀，从系统论的观点看都是失败的。产品设计的完善，一般需要有一个发展过程，整个设计过程是一个动态的过程，并通过设计因素间的信息传递而相互调整和修正。因此，对整个产品设计过程而言，在安排进程和其他设计管理时，也要应用系统的思想和方法加以处理，使设计进程高效、合理、科学。

在学习和应用系统论时，应克服一种错误的思想，即认为系统论的理论和方法是一种科学的手段，因而会排除知觉和直觉。其实，系统论所强调的观念并不排斥创造性的思考和直觉的判断，而是十分需要发挥直觉和感性的思维方式的优点以丰富和完善系统论的实用价值，使理性与直觉判断相结合、相促进，由此推动设计的进步。科学的、系统的设计方法与直觉的、感性的构思方法在产品设计中可以而且应该是共存互促、融合汇流的。在一定的情况下，一个优秀的设计师的直觉往往比理性的分析更准确和快捷，更能产生充满创造性的设计。系统化设计思想与方法和感性、直觉的思维方法是相辅相成的。对于一些涉及面广、情况复杂的问题，可用系统化的方法或其他理性的方法加以分析、归纳，不能仅凭感觉来解决表层上的问题。

从根本上说，系统论主要是一种观念，一种看问题的立场和观点，它要告诉我们的并不着重于说明事物本身是什么，而是强调应该如何认识和创造事物。因此，系统论具有方法论的意义，是一种设计哲学观。对于这一点，应引起足够的注意，不能把系统论的设计思想和方法理解为设计的技术。

系统的分析和综合，是系统论的基本方法。分析和综合只是相对来说的。一般来讲，"分析"先于"综合"，对现有系统可在分析后加以改善，达到新的综合；对于尚未存在的系统可收集其他类似系统的资料并通过分析后进行创造性设计来达到综合。

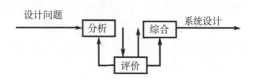

图2-2 系统分析和系统综合的基本过程

对于系统分析和系统综合而言，要求把分析和综合的方法与系统联系起来，要从系统的观点出发，用分析和综合的方法解决设计中的有关问题，为产品设计提供依据。图2-2表示为系统分析和系统综合的基本过程。

系统分析就是为使设计问题的构成要素和有关因素能够清晰地显现而对系统的结构和层次关系进行分解，从而明确系统的特点，取得必要的设计信息和线索。系统综合是根据系统分析的结果，在经评价、整理、改善后，决定事物的构成和特点，确定设计对象的基本方面。此时应尽可能地做出多种综合方案，并按一定的标准和方法加以评价、择优，选出最佳的综合方案。总之，系统分析和综合就是一个扩散和整合交织的过程。图2-3和图2-4是系统分析和系统综合的示意图及产品的系统分析图。

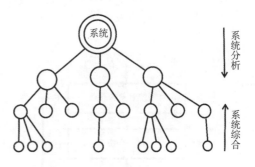

图2-3 系统分析与系统综合示意图

图2-4 产品系统分析图

一个产品的设计，涉及功能、经济性、审美价值等很多方面，采用系统分析和综合的方法进行产品设计，就是把诸因素的层次关系及相互联系等了解清楚，发现问题，解决问题，按预定的系统目标综合整理出对设计问题的解答。在实际设计中，进行系统分析和综合时要注意以下原则：

① 必须把内部、外部各种影响因素结合起来进行综合分析；
② 必须把局部效益与整体效益结合起来考虑，而最终是追求最佳的整体效益；
③ 依据目标的性质和特性采取相应的定量或定性的分析方法；
④ 必须遵循系统与子系统或构成要素间协调性的原则，使总体性能最佳；

⑤ 必须遵循辩证法的观点，从客观实际出发，对客观情况做出周密调查，考虑到各种因素，准确反映客观现实。

在按照图2-5所示的程序进行系统的设计分析时具体的步骤有8步：

① 总体分析　这一步主要是确定系统的总目标及客观条件的限制；

② 任务与要求的分析　确定为实现总目标需要完成哪些任务以及满足哪些要求；

③ 功能分析　根据任务与要求，对整个系统及各子系统的功能和相互关系进行分析；

④ 指标分配　在功能分析的基础上确定对各子系统的要求及指标分配；

⑤ 方案研究　为了完成预定的任务和各子系统的系统分析和综合设计法的程序化要求，需要制定出各种可能实现的方案；

⑥ 分析模拟　由于一个大系统往往受许多因素的影响，因此当某个因素发生变化时，系统指标也随之发生变化，这种因果关系的变化通常要经过模拟和实验来确定；

⑦ 系统优化　在方案研究和分析模拟的基础上，从可行方案中选出最优方案；

⑧ 系统综合　选定的最佳方案至此还只是原则上的东西，欲使其付诸实现，还要进行理论上的论证和实际设计，也就是方案具体化，以使各子系统在规定的范围和程度上达到明确的结果。

综上所述，系统论的设计思想和方法的目的是使整个设计过程易于控制，把多种相关因素纳入考虑的范围，以便使产品的品质得以保证。同时，提倡利用多数人的智慧，为了共同的系统目标发挥创造力，应克服简单、草率的工作作风。图2-6所示为一种典型的产品设计开

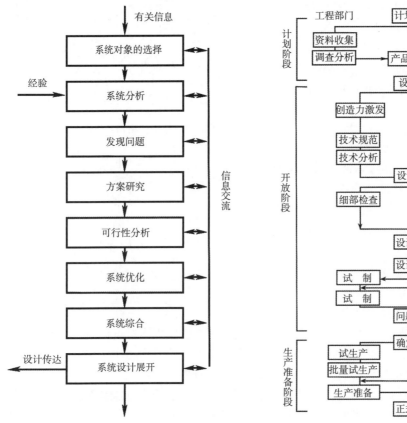

图2-5　系统分析和综合设计法的程序

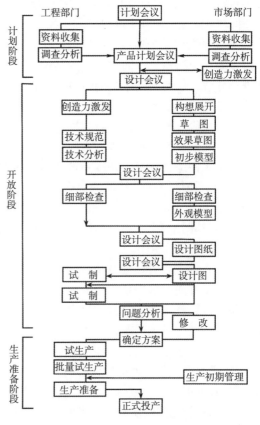

图2-6　产品设计开发流程图

发流程图，其中既体现了产品开发设计流程，更彰显了组织各方面人员的智能与系统设计思想，从而保证产品设计的合理性并提高产品整体实现的可预见性。

第二节　人性化设计原理

任何一件产品都是为了满足人的需要而设计的，因此，在产品塑造的过程中任何观念的形成均以人为基本的出发点，把人的因素放在首位。人性化观念的形成可以追溯到远古时代。中国古代的儒家学说中就有人本主义的思想。西方文艺复兴时期，人本主义的思想更是得以发展。随着资产阶级哲学思想在资本主义兴起以来的发展，"人性"、"人本"等主题成为更加重要的内容。

人性是人的自然性和社会性的统一。我们在设计中使用"人性化"这一概念是有其特定的内涵和外延的，就是在设计文化的范畴中，以提升人的价值、尊重人的自然需要和社会需要，满足人们日益增长的物质和文化需要为主旨的一种设计观。因此，我们不能把这里所说的"人性化"与社会历史、哲学观点中的"人性化"相比较，以免产生误解。

一、产品的人性化设计观

产品的人性化设计是现代工业造型设计的大趋势。因为任何工业产品都是为人设计的、都是供人们使用的。产品最终的命运要视产品与人关系的协调程度而定。

在工业化发展的一个漫长时期内，人们曾忽略了在产品"物"的形态里还包含与人的生理、心理密切相关的多种因素，致使许多工业产品在设计中出现了种种不利于人的弊端，不久便被淘汰。于是致力于改善这种状况的人性化设计，伴随着人机工程学和设计美学的发展而成为当今最重要的设计观念。

人性化设计的理念在现代工业史上具有重要意义，它完成了从"人要适应机器和产品"到"机器和产品要适应人"的历史性转变。它强调以人为设计的中心，对工业产品从环境、安全、可靠、使用、操作心理感受等方面进行整体考虑和构思，并对人的生理、心理因素做科学地定性与定量分析和研究，从而提出人与产品、机器协调设计的理论依据。人性化设计的理念就是要把人的感性要求和理性要求融合到产品设计中去，使产品的功能和形态、结构和外观、材料工艺等众多因素都能充分适应人的要求，达到产品与人的完美统一。

人性化的设计观是工业设计经导入期、发展期、成长期发展到现在的成熟期以后而出现的一种新的设计哲学。它反对像过去那样，设计师只重视产品的功能与造型，而是要求设计师积极考虑经过设计的产品将在人们生活过程中发生什么样的作用，以及对周围各种环境的影响程度——人类的生活并不仅仅需要物质上的满足，还有精神文化方面的需求，设计师就是要凭着对生活的敏锐的感受和观察力来为提高人类生活的品质做出贡献。这种设计观较之纯科学技术与商业竞争的设计原则更具有意义。

人性化设计观念的实质，就是在考虑设计问题时以人为轴心展开设计思考。在以人为中心的问题上，人性化的考虑也是有层次的，既要考虑作为社会的人，也要考虑作为群体的人，还要考虑作为个体的人，抽象和具体相结合，整体与局部相结合，根本宗旨与具体目标相结合，社会效益与经济效益相结合，现实利益与长远利益相结合。因此，人性化设计观念是在人性的高度上，把握设计方向的一种综合平衡，以此来协调产品开发所涉及的深层次问题。图2-7所示为供应酒店宾馆用双马达吸尘吸水机，这款产品设计充分想到了产品应用环境的实

图2-7 双马达吸尘吸水机

际状况和清洁工的实际工作状态，尤其是防电手柄，更加体现了人性化设计思想。

在机械的海洋包围之中的人们，都向往着人与人真诚交往的田园式生活。虽然技术的进步使人们的家务劳动和工作劳动减轻了，信息也变得更快捷，衣、食、住、行都比以往更充足和方便，但人们对于由此而构成的生活方式的进步并不那么满意，他们也为此付出了巨大的精神和心理的代价。信息化时代带来巨大物质利益的同时，也带来了许多现实的问题，如人的孤独感、造型的失落感、心理压力的增大、自然资源的枯竭、交通状况的恶化、环境的破坏等。这些问题的产生，其本质原因并不在于物质技术进步本身，而正是由于总体设计上的失衡，没有把人性化的观念系统地贯穿于人类造物活动之中。这些问题的出现，从反面证明了提倡和强调人性化设计观念的重要意义。

概括地说，人性化设计观念的要点及由此而引申的原则大致包括以下几个方面：

① 产品设计必须为人类社会的文明、进步做出贡献；

② 以人为中心展开各种设计问题，克服形式主义或功能主义错误倾向，设计的目的是为人而不是为物；

③ 把社会效益放在首位，克服纯经济观点；

④ 以整体利益为重，克服片面性，为全人类服务、为社会谋利益；

⑤ 设计首先是为了提高人民大众的生活品质，而不是为少数人的利益服务；

⑥ 注意研究人的生理、心理和精神文化的需求和特点，用设计的手段和产品的形式予以满足；

⑦ 设计师应是人类的公仆，要有服务于人类、献身于事业的精神；设计是提升人的生活的手段，其本身不是目的，不能为设计而设计；

⑧ 要使设计充分发挥协调个人与社会、物质与精神、科学与美学、技术与艺术等方面关系的作用；

⑨ 充分发挥设计的文化价值，把产品与影响和改善提高人们的精神文化素养、陶冶情操的目标结合起来；

⑩ 用丰富的造型和功能满足人们日益增长的物质和文化需要，提高产品的人情味和亲和力，以发挥其更大的作用；

⑪ 把设计看成是沟通人与物、物与环境、物与社会等的桥梁和手段，从人—产品—环境—社会的大系统中把握设计的方向，加强人机工程学的研究和应用；

⑫ 用积极、主动的方式研究人的需求，探索各种潜在的愿望，去"唤醒"人们美好的追求，而不是充当被唤醒者，不被动地追随潮流和大众趣味。总之，应把设计的创造性、主动性发挥出来；

⑬ 人性化的设计观念中，把设计放在改造自然和社会、改造人类生存环境的高度加以认识，因此，要使产品尽可能具备更多的易为人们识别和接受的信息，提高其影响力；

⑭ 人民是历史的和社会的主人，超脱一切的人性化从根本上是不存在的。因此在设计中要排除设计思潮中一切愚昧的、落后的、颓废的、不健康、不文明的因素；

⑮ 注意正确处理设计的民族性问题，继承和发扬民族精神、民族文化的优良传统，从而为人类文明做出贡献；

⑯ 人性化的设计观念是一种动态设计哲学，并不是固定不变的，随着时代的发展，人性化设计观念要不断地加以充实和提高；

⑰ 设计的重要任务之一是使人类的价值得到发挥和延伸；

⑱ 时时处处为消费者着想，为其需求和利益服务，并协调好消费者、生产者、经营者相互之间的关系等。

二、人性化设计原理应考虑的主要因素

在用人性化设计观念探讨人、产品与环境的关系时，影响产品在人性化的设计创造上所应考虑的因素，有以下几个方面应加以重点考虑——动机因素、人机工程学因索、美学因素、环境因素、文化因素等。

1. 动机因素

产品设计的出发点是满足人的需要。即是说问题在先，解决问题的设计在后。人类要生存就必然会遇到各种各样的问题，就有许多需求，产品设计就是为满足人类的某种需要而产生的。因此，产品设计的动机就是为了满足人们的物质或精神享受的各种需求。图2-8所示为产品与人的需求之间的关系图。

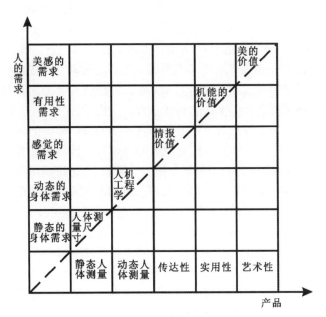

图2-8　产品与人的需求之间的关系图

由此可以看出设计所要探讨的范围及需要创造的价值类型。可见人的需要问题是设计动机的主要成分。人的需要是有层次的，一般说是在满足了较低层次的需要之后才会有更高层次的需要。按著名心理学家（A.H.Maslow，1908—1970）的观点，人的需要层次，可分为以下5个层次，如图2-9所示。

① 生理的需要　主要是指人类免于饥饿、口渴、寒冷等的基本需要；

② 安全的需要　指使人免于危险，使人感到安全的需要；

③ 爱和归属的需要　指人免于孤独、疏离而加入集体和团体，接受别人的爱和爱别人的

图2-9　马斯洛人类需要分层图

需要；

　　④ 尊严的需要　指人要求受人尊敬、有成就感等需要；

　　⑤ 自我实现的需要　指人要求发挥自己的潜能，发展自己的个性，要求表现自己的特点和性格等需要。

　　以上分类虽尚有争议，但至少能提供关于人的需求的大致情况，使设计者能方便地对人的需求有一个基本了解。在上述需求中，生理需求最为基本，位于最低层次；自我实现的需求最为复杂，位于最高层次。这是一种心理学的分类，在产品设计上并不能完全以此为依据，而是要综合分析产品所要满足的最主要需求和有影响的需求，不能囿于上述的分类。一般而言，与设计关系最为密切的需求因素可归纳为3个方面：生理性需求、心理性需求和智能的需求。

　　第一，生理性需求——生理需求是人们生活、生产、劳动、工作当中必要的需求，不能满足这种需求，就会带来困难以至无法生活和工作。对待这种类型的需求，最重要的观念就是借助产品的使用功能来弥补人们无法达到或不方便完成的许多工作。这种为满足基本生理需求所作的设计，其实就是把设计看成是人类本身系统的再延伸。例如，电话的设计就是听觉能力的再延伸，自行车、电动车是人行走能力的再延伸，计算机是人脑的延伸。又如各类椅子、床等的设计，就是弥补人们自身所能承担的支撑能力范围的不足而产生的。

　　第二，心理性需求——审美需求、归属需求、认知需求或自我实现的需求都属于理性需求的范围。产品设计中的造型美观、精致等一些使人赏心悦目的要求，就是出于这方面的考虑。为满足这种需求，对设计的要求是很高的。例如，要求产品能适合宜人性要求，要体现某种使用者的身份、地位、个性，要满足使用者的成就感和归属要求等。又如，一块高档的手表需要几千甚至上万元，它与普通手表在功能上毫无差别，但价格却相差甚远，大多数佩戴这样手表的人已经把它看成是一种身份的象征，它满足了使用者对物质的追逐感，因而它其实就是心理的一种需求。人的心理需求随着社会文化、国家经济及生活水平的不断提高而向着内容更广泛、层次更高级的方向发展。因此，人的心理需求在现代工业产品设计中的地位越来越重要。

　　第三，智能需求——智能需求是一种无形的但对人却有重要的意义。它主要是指信息、知识、理论、方法、技术等。这些也都是人类生活所必需的内容。这类需求一般是指所设计的产品对人有一种特别的意义。如现代计算机代替算盘的设计，现代电子衡器代替以前机械衡具、现代办公系统设计等，都是为了满足人们的这种需求。广义上讲，现代的符号语言设计也是为了提高信息传递高效、简便、可靠的要求而设计的，也是为了满足人们的智能需求。

2. 人机工程学因素

人性化设计观念首先考虑的是人们需求的动机因素，其次便是人与产品之间的关系因素。这方面的因素就是人机工程学因素。无论是工程设计或是工业设计，都必须研究人机工程学，它可以帮助工程师选择最好的机械装置和结构，同时可以影响产品设计师的设计观点。设计离不开人机工程学的指导。对产品设计来说，必须应用这一学科的原则和方法，以使富于人性化的设计成为可能，设计重点要放在人的知觉信息的安排和人对产品操作的合理性上，在以人为主的前提下如何使产品适合人的使用而不是要人去适应产品。

产品的设计重点一般是放在操作者方面。一般来说，有反复性或持久性的使用动作，都会受到人体尺寸的影响，这包括静态和动态两种人体测量尺寸数据的影响。设计时要考虑产品能满足大多数使用者的操作适宜性要求，这是人机工程学对设计的首要影响因素。此外，还有心理、环境、精神方面的影响因素等。比如设计婴儿床，就必须了解婴儿的骨骼、身形、体重以及儿童的生长状况，乃至平时细微的小动作。这时候要将婴儿作为特殊的使用人群来定位，设计师的一切设计活动都是围绕他们来服务的。另外，对于社会上特殊人群的考虑，比如残疾人，是社会应当给予更多关心的一类群体，在设计产品时就应该将这类人群的特殊人机因素考虑进去（图2-10），尽量对他们的生理缺陷进行弥补，这些都是人机工程学所应研究的范畴。

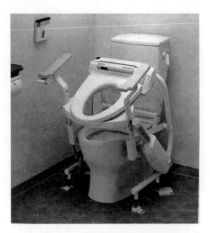

图2-10　残疾人用坐便器

在具体设计中要考虑的人机工程学因素主要包括以下几个方面：

① 运动学因素　即研究动作的几何形式，探讨产品操作上的动作形式、人的操作动作轨；迹以及与此有关的动作协调性与韵律性等；

② 动量学因素　即研究动作与所产生动量的问题，如水龙头把手和打火机的设计等；

③ 动力学因素　主要讨论产品动态操作上所需花费的力量、动作的大小等；

④ 美学因素　主要指在心理感受的基础上，在形态的设计方面如何满足人的精神审美要求；

⑤ 心理学因素　主要探讨操作空间和动作等对人的安全感、舒适感、情绪等的影响。

3. 美学因素

美学是一种研究、理解"美"的学问。对产品设计问题而言，它是以人为主要对象评判产品美的标准及其塑造美的方法，其中涉及人的视觉、听觉、触觉及其所感受对象。因此产品设计中的美学问题表现在很多方面，如在听觉（音质美）方面，洗衣机定时蜂鸣器的音质、门铃的音质等就是设计中所应考虑的重要问题，应以使人产生美感为目标；在视觉（造型美）方面更是产品设计的一个重点；在触觉（材质美）方面，各种把手、按键、旋钮等的设计就要考虑使人接触以后不能产生不舒服、不良心理感受，而要使人有一种美的感受。

产品设计中所要讨论的美学问题是整个美学领域的一个部分，可称为设计美学或技术美学。从人性化设计思想上来考虑，最主要的是要研究符合人的审美情趣的产品设计应考虑的因素。在设计中加以强调的主要有以下因素：

① 视觉感受及视觉美的创造；

② 审美观及美感表现；

③ 听觉感受及听觉美的创造；

④触觉感受及触觉美的创造；

⑤美的媒介及其美学特性的发挥；

⑥美的形式；

⑦美感冲击力及人的适应性；

⑧美学法则和方法等。

4．环境因素

通常，环境对产品设计的影响包括微观及宏观两个层次。所谓的微观层次是指产品使用的实际环境，一般它对产品设计的影响往往是显性的；所谓的宏观层次是指从大的方面看产品所处的特定的时空，一般它对产品设计的影响是隐性的，如法律、法规、社会状态、文化特点等的影响就是如此。在此主要讨论实体环境的影响。

（1）形式方面

人们生活中的实际环境，是随着时代发展而变化的。产品的设计开发，特别是与人们关系密切的产品，要使人有意识或无意识地感受到产品与环境的谐调。如现代生活用品的设计，不可避免地受到建筑设计的影响，即与现代建筑的形式、风格、设计思想有一种潜在的联系，一般呈现出和谐、统一的大趋势；同时建筑设计也受产品设计的影响，家具的设计就是一例。

新材料、新结构、新风格等对产品设计的影响是明显的，产品设计中不可避免地要打上时代环境影响的烙印，如20世纪30～40年代盛行的流线型风格，就影响着汽车、其它交通工具以及其他许多与流体力学毫无关系的产品的设计；当前信息化时代的环境下，电脑及办公自动化产品的设计正影响着无数产品的设计风格，简洁、功能性的造型风格已在多数产品上得到体现。大环境的特点影响人们的价值观念及生活态度，这是当代产品设计观念中必须考虑的宏观环境因素。

（2）物理方面

从物理方面考虑环境因素，主要是针对产品与人的操作环境的关系问题。产品在使用时必然要受到照度、温度、湿度、声音及其它干扰等物理因素的影响，从而对产品的设计提出各种应予以考虑的问题。从人性化设计观念来考虑这些因素的影响，就是要从人的角度来分析这些物理因素的作用，使之对产品的不利影响减至最小，创造宜人的环境，使人在使用产品时能有良好的安全感、舒适感，使人使用时的安全和精神因素得到可靠的保证。

5．文化因素

在我们生活的环境里存在的一切有关的事物，包括衣、食、住、行等方面的产品，甚至交通标志、传播媒体以及一切器物设施等，形成了我们生活的整个环境。在这个大环境中，有形的物理环境对产品设计具有显性的影响，其中有些无形的、隐性的影响因素，如人们的传统、习俗、价值观念等为文化因素，文化因素也是影响产品设计的一个重要方面。

产品设计往往可以影响人们生活的文化问题，甚至导致一个新生活文化形态的形成。它对社会影响的大小，依赖于该设计是否合乎人们的传统、习俗或思维方式。符合时代文化特点的产品设计在广泛地进入人们的生活之后，对人们产生巨大的影响，改变着人们的生活形态。一般说来，一件产品应符合特定的文化特性，满足某种功能需求，表现出与时代精神和科技进步的协调关系，然后才能进入人们的生活。不可设想忽略文化因素而勉强地把科技引入人们生活有多大的意义，以及其实现的可能性有多大。例如，把自动提款机引入不发达的城镇或农村，肯定会失败的，这是对文化因素没有认识清楚所造成的后果。因此，文化因素在工业设计中是必须加以考虑的。人们的生活习俗和价值观念对产品设计也有相当的影响力。当前，"轻、薄、短、小"的设计观念，是与目前人们普遍的价值观念有联系的。

总之，产品设计的人性化考虑是受多种影响因素制约的。虽然我们在讨论这些影响因素时是分别叙述的，但可以看出这些因素又是难以清楚划分开的，如环境因素包括文化因素，而环境因素又部分地被包含在人机工程学因素之中等。因此，我们应该有一种系统的整体观念，把动机的、人机工程学的、环境的、文化的、美学的因素有机融合，综合分析，以此设定产品设计的目标。人性化既是一种思想，也是现实的设计行动，要通过各种设计方法和设计技术把理想化为切实的行动。

三、人性化设计的表现形式

设计师通过对设计形式和功能等方面的人性化因素的注入，赋予产品以人性化的品格，使产品具有情感、个性、情趣和生命。产品的人性化设计的表现形式有以下几种。

1. 产品造型的人性化设计

设计中的造型要素是人们对设计关注点中最重要的一方面，设计的本质和特性必须通过一定的造型而得以明确化、具体化、实体化。意大利设计师扎维·沃根（Zev Vanghn）于20世纪80年代设计的Bra椅子，虽采用了传统椅子的结构但椅背却运用了设计柔软而富有曲线美的女性形体造型，人坐上去柔软舒适而浮想联翩，极富趣味性。1994年意大利设计师设计推出的Lucellino壁灯，模仿了小鸟的造型，灯盏两旁安上了两只逼真化的翅膀，在高科技产品中带进了温馨的自然情调，一种人性化的氛围扑面而来。图2-11所示为无驱摄像头，整体风格简约但不失高雅与大方，整个造型显得可爱、有趣，尤其是它还配备了一个纯白配色的降噪麦克风，能录入高清晰语音，是一款人性化设计的经典作品。

2. 产品色彩的人性化设计

在设计中色彩必须借助和依附于造型才能存在，须通过形状的体现才具有具体的意义。但色彩一经与具体的形相结合，便具有极强的感情色彩和表现特征，具有强大的精神影响。好多现代设计秉承包豪斯的现代主义设计传统，多以黑、白、灰等中性色彩为表达语言，体现出冷静、理性的产品设计特征，但当看到具有人情味的产品时，消费者的心理便为之一振，并豁然开朗起来。原来电视机、电冰箱、电脑等高科技产品也可以是彩色的，连汽车轮胎都可以是五彩斑斓的。在后现代设计的特征和色彩运用中，更多地融入了时代的和设计师及消费者个人的情感、喜好和观念。图2-12所示为一种电脑机箱的色彩设计。

3. 产品材料的人性化设计

现代设计师常在工业设计中采用或加进自然材料，通过材料的调整和改变，以增加自然的情趣或温情脉脉的情调，使人产生强烈的情感共鸣。20世纪80年代由西德人为发育迟缓儿童设计的学步车，曾获国际工业设计大奖。该设计没有

图2-11　无驱摄像头

图2-12　电脑机箱的色彩设计

选用伤残人器械上常使用的那种闪着寒光的铝合金，而采用打磨柔滑的木材制作，再涂上鲜亮美丽的红漆，配上一玩具的积木车，产品工艺简单，却受到国际工业设计界的好评，其根本原因在于设计者通过对材料的用心选择、色彩的精心搭配和功能的合理配置表现了一种正直的思想和对人性的关怀：让孩子不再感到它是医疗器械，而是令人亲近和叫人喜爱的玩具，从而打消自卑感，增加生活的勇气，也有利于孩子健康人格的形成。

4. 产品功能的人性化设计

好的功能对于一个成功的产品设计来说十分重要。人们之所以对产品有强烈的需求，就是要获得其使用价值——功能。图2-13所示为残疾人设计的智维电动轮椅。

如何使设计的产品的功能更加方便人们的生活，更多地考虑到人们的新的需求，是未来产品设计的一个重要的出发点。一句话，未来的产品的功能设计要具备人性化。如图2-14所示多功能超市购物车，在超市的购物车架上加隔栏，有小孩的购物者在购物时可以将小孩放在里面，从而使购物更方便和轻松；也可以加一个翻板，老年人购物时累了可以当靠椅休息，尊老爱幼的美德便体现在细微的设计细节中。

图2-13　智维电动轮椅

图2-14　多功能超市购物车

5. 产品名称的人性化设计

借助于语言词汇的妙用，给产品一个恰到好处的命名，往往会成为设计人性化的"点睛"之笔。如同写文章一样，一个绝妙的题目能给读者以无尽的想象，让人心领神会而怦然心动。意大利设计大师索特萨斯1969年为奥利维蒂公司设计的便携式打字机（图2-15），外壳为鲜艳的红色塑料，小巧玲珑而有着特有的雕塑感，其人性化的设计风格已令消费者青睐有加，而其浪漫而富有诗意的名字——"情人节的礼物"更是令人情意顿生，怜爱不已。

图2-16为CK设计集团设计的一款休闲椅，命名"催眠"，给人一种懒洋洋的享受，同时带给我们许多思考和梦想，其给人的情感体验是不言而喻的。

图2-15　"情人节的礼物"——便携式打字机

图2-16　"催眠"休闲椅

总之，产品是为人而设计的。因此，就产品设计的本质来说，任何观念的形成均需以人为基本的出发点，以人性化为主应看作是首要的设计理念。注重人性化的设计，正是工业设计所追求的崇高理想，即为人类造就更舒适、更美好的生活和工作环境。图2-17所示为一种方便好用的缠线器。

图2-17　缠线器

第三节　可靠性设计原理

可靠性是衡量系统或产品等质量的主要因素之一。所谓可靠性，是指系统、产品或元件、部件等在规定的条件和规定的时间内完成规定功能的能力。"规定的时间"是可靠性定义中的重要前提。一般说来，系统的可靠性是随时间的延长而逐渐降低的，所以可靠性是相对于一定的时间而言的。"规定的条件"通常是指使用条件、环境条件和操作技术等。不同的条件下同一系统或产品的可靠性是不一样的。产品的可靠性及其可靠性设计与人机工程学一样，成为现代工业产品设计中的重要环节之一。

一、可靠性设计指标及其量值

1. 可靠度

产品在规定条件下和规定时间内完成规定功能的概率定义为可靠度 $R(t)$，失效的概率定义为不可靠度 $F(t)$。它们都是时间的函数。可靠度与不可靠度为互逆事件，因此由概率定义得出：$R(t)+F(t)=1$ 或 $R(t)=1-F(t)$

通常 $R(t) \geqslant 0.90$ 时表示可靠度比较高。

2. 失效率

是指工作到某时刻尚未失效的产品在该时刻后单位时间内发生失效的概率，用 $\lambda(t)$ 表示。失效率的观测值为在某时刻后单位时间失效的产品数与工作到该时刻尚未失效的产品数之比。

3. 平均无故障工作时间

平均无故障工作时间（MTBF），是指对于可以修复的一个或多个产品在它使用寿命期内的某个观察期间累计工作时间与故障次数之比。

4. 有效度

是指在某个观察期内，产品能工作的时间对能工作时间与不能工作时间之和的比，用公式表示为：

$$A(t) = \frac{U}{U+D}$$

式中　　$A(t)$——有效度；

　　　　U——产品能工作时间；

　　　　D——产品不能工作时间。

以上是可靠性的部分主要指标。这些指标从不同侧面反映了可靠性的水平。产品的可靠性指标必须根据产品的设计和使用要求确定。例如，工程机构常采用有效度作为可靠性指标；数控系统经常采用MTBF；汽车可以采用可靠度、MTBF或里程数作为可靠性指标。

选择出产品可靠性指标后，必须确定这些指标的量值。量值定得过低，则不能满足使用要求，甚至完全失去使用价值。有的还会造成严重后果。如果指标的量值定得过高，从使用角度来讲虽然有利。但会造成额外的经济损失，延长工程周期。因此，科学地、合理地确定产品可靠性指标，对提高产品的可靠性具有十分重要的意义，通常可以采用参照同类产品的可靠性指标确定。如，对于工程机械，常规定其有效度$A(t)=0.9$，机床数控系统一般可取$MTBF=3000h$；又如汽车常规定公里数为目标量值，底盘为12×10^4km，传动系统为8.5×10^4km，电气系统为5×10^4km，附件为3×10^4km。另外还可以由可靠性分析模型和可靠性预测方案预测产品的可靠性指标，再由预测值确定产品可靠性指标的量值。

二、影响系统可靠性设计的因素

（1）系统所能完成的功能容量与精度（主要功能参数变动范围）

功能增加，使系统复杂化、导致可靠性下降；功能参数精度要求得高，也将减低系统的可靠性。

（2）系统工作要求的寿命及外界条件的干扰

可靠性意味着要在全部外界条件变化与干扰下正常工作，完成系统的功能。

（3）组成系统的结构与元件的质量

系统是由许多分系统、子系统和元件组成的，它们的可靠性以及相互间的构造关系将影响整个系统的可靠性。要保证一定的可靠性往往需要在重量、成本、功率、备份等方面付出一定代价，所以可靠性的问题实际上也须考虑优化。

三、提高产品设计可靠性

产品不可靠是使用过程中产品失效引起的。一件具体产品是由各种零件和部件组成的，零部件失效会引起整个系统失效。但是，这当中有主要、致命和次要失效之分。

提高可靠性的途径主要有三个方面，即设计、生产加工和管用养修。从设计方面看：

1. 人机系统综合考虑

设计时要考虑人与机的特性，搞好功能分配，同时要考虑轻便、灵活、舒适宜人、不易失误等，而且要考虑环境因素。

2. 简单性与冗余性辩证分析

一般说，愈简单愈可靠，但也不尽然，过于简单反而不可靠，如省略了联动、立锁、保险、限位等机构系统就不安全。愈复杂当然也不是愈可靠，只要有必要的冗余性即可，片面追求"复杂新颖"以示"高级水平"是不可取的。

3. 原材料与零部件有机选配

原材料与零部件也并非一定愈高级愈好，主要取决于部位的重要性与特性，含油轴承在高速轻便的旋转运动中的可靠度要比滚针轴承高。也不一定寿命愈长愈好，如果一项产品更新周期为五年，则所有的零部件、原材料的寿命就不应超过这个寿命太多，否则产品已报废许多零部件都完好，会造成资源浪费。

可靠性设计的全部工作包括硬件与软件，包括从设计制造到使用维修，还包括进行价值工程的核算等，不能单纯追求可靠性，可靠性设计的步骤如下。

（1）明确可靠性级别的主要指标

明确可靠性级别的主要指标，包括：系统的可靠性级别与要求；系统的工作环境条件；运输、包装、库存等方面的情况；易操作性、易维修性、安全性要求；高可靠性零件明细及其试验要求；薄弱环节的核算；制造与装配的要求；管理、使用、保养、修理的要求。

（2）可靠性预测

可靠性预测，包括：以往的经验及故障数据；今后的发展与评估意图；预测值与期望值接近的可能性；获得高可靠性的方法；薄弱环节的消除及新生薄弱环节；提高可靠性的裕度与协调各种参数；故障率的预测；对维修性与备件的预测。

（3）可靠度约分配

可靠度约分配，包括：整系统与分系统可靠性的关系；分系统对总系统可靠性的贡献度；分系统动作时间表与负载谱；满足可靠度的费用；可靠性分配到重要零件与组件上；修正误动作的方案；保证可靠性的试验。

（4）制定设计书

制定设计书，包括：设计方案的综合权衡因素；设计方法自身的可靠性；试验方案与计划；选择设计方案；提出保证可靠性的设计书（包括系统的可靠性设计与重要零件的可靠性设计等）。

第四节　设计美学原理

美是人类在物质和精神的生存环境中表现出来的一种天性，是一种社会和物质文化现象，它的历史与人类一样久远。对美的表达和研究，有史料记载的在我国应始于春秋时期的孔子，在欧洲则始于公元前6世纪（相当于我国西周时期）的古希腊时期的毕达哥拉斯、柏拉图和亚里士多德，他们都对美有过论述。美是以研究美的存在、美的认识和美的创造为主要内容的一门学科，它研究的范围很广。随着时代的进步和科学技术的不断发展，美学也与其他学科一样，不断扩充自己的研究范围和探索对象，比如研究美与生产实践关系的技术美、研究美与人类生活关系的生活美学、研究美与艺术关系的艺术美学等。

工业产品的美有两个显著的特征：一个是产品外在的感性形式所呈现的美，称为"形式美"，另一个是产品内在结构的和谐、秩序而呈现的美，称为"技术美"。无论外在易感知的形式美，还是内在的不易感知的技术美，两者的要素是相互联系的。在产品造型设计中，只有把这两方面的要素有机地统一起来，才能达到产品真正的美。

一、产品造型的形式美法则

形式美是指构成事物的外在属性（如形、色、质等）及其组合关系所呈现出来的审美特性，它是人类在长期的劳动中所形成的审美意识。在产品造型设计中必须遵循这些规律，加以灵活运用。任何艺术作品，离开形式美，美就会失去魅力、不能起到感染人的作用。

形式美法则是人们在长期生活实践特别是在造型设计实践中总结出来的规律。当人们总结了大自然美的规律并加以概括和提炼，形成一定的审美标准后，又反过来指导人们造型设计的实践。所以，形式美法则既是造型实践的产物，又是造型设计的基本方法。然而，时代总是不断地发展的，所以形式美法则也必然地要随着时代的进步而变化、发展和不断完善。

下面对几种形式美法则做简要介绍。

1. 统一与变化

统一与变化是对立统一规律在艺术上的体现，是造型中比较重要的一个法则。

统一是指组成事物整体的各个部分之间，具有呼应、关联、秩序和规律性，形成一种一致的或具有一致趋势的规律。在造型设计中，统一起到治乱、治杂的作用，增加艺术的条理性，体现出秩序、和谐、整体的美感。但是，过分的统一又会使造型显得刻板单调，缺乏艺术的视觉张力。因为人的精神和心理如果缺乏刺激则会产生呆滞，先前产生的美感也会逐渐消逝，因此统一中又需要有变化。

变化是指在同一物体或环境中，要素与要素之间存在着的差异性，或在同一物体或环境中，相同要素以一种变异的方法使之产生视觉上的差异感。变化是刺激的源泉，能在乏味呆滞中重新唤起活泼新鲜的兴味。但是必须以规律作为限制，否则必导致混乱、庞杂，从而使精神上感觉烦躁不安，陷于疲乏。

任何艺术作品中，强调突出某一事物本身的特性称为变化，而集中它们的共性使之更加突出即为统一。统一与变化是造型设计中的一对矛盾，可以说它是处理产品的局部与整体达到统一、协调、生动活泼的重要手段。在造型设计中，应该以统一为主，变化为辅，在统一中求变化，在变化中求统一。这样在整体的设计中，既保持了整体形态的统一性，又有了适度的变化。否则只有统一而没有变化，会失去情趣感，易于形成死板、单调多变，则无主题，视觉效果杂乱无章，陷于疲劳，所以变化必须在统一中产生。图2-18所示为一种强调统一与变化相结合原则所设计的照相机。

图2-18　照相机

在工业产品造型设计中，无论是形体、线型、色彩和装饰都要考虑统一与变化这个综合因素，切忌不同形体、不同线型、不同色彩的等量配置，必须有一个为主，其余为辅。为主者体现统一性，为辅者起配合作用，体现出统一中的变化效果。具体作法就是：统一中求变化，变化中求统一。这一原则，不仅适用于一件产品中，也适用于环境设计，小至房间设计、大至区域规划均需遵循这一原则。

2. 比例与尺度

比例，指造型的局部与局部、局部与整体之间的大小对比关系，以及整体或局部自身的长、宽、高之间的尺寸关系，一般不涉及具体量值。实践中运用的最多的是黄金分割比例，此外还有平方根比例、整数比例、相加级数比例、人体模度比例等。

（1）黄金比及黄金矩形

黄金分割比例，如图2-19所示，是将一直线线段AB分成长、短（AC、BC）两段，使其分割后的长段（AC）与原直线段（AB）之比等于分割后的短线段（BC）与长线段（AC）之比，即AC/AB=BC/AC=0.618。

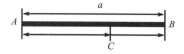

图2-19　线段的黄金分割

将直线划分为黄金分割比的方法很多，几何作图法较为常用。

黄金分割比作图法：在一直线线段AB的B点向上做垂线线段BD，使线段BD等于线段AB的一半，连接A点D点，以D点为圆心、DB为半径画圆弧交AD于E点，再以A为圆心、AE为半径画圆弧交AB于C点，C点即为黄金分割点。如图2-20所示。

所谓黄金矩形是指矩形短边与长边之比为0.618∶1，求取黄金比矩形可以在正方形的基础上进行作图，如图2-21、图2-22所示。图中O点为关键点（O点为线段一半位置）。

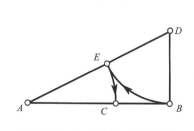

图2-20　线段黄金分割作图法

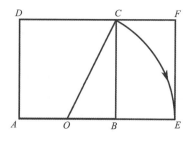

图2-21　黄金矩形作图法

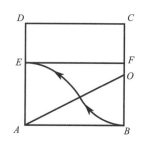

图2-22　黄金矩形作图法

黄金矩形具有肯定外形的美感，同时在视觉上能产生独特的韵律美感。从古至今，黄金比及黄金矩形在造型艺术上具有很高的美学价值。如我国古代的秦砖汉瓦，世界上著名的巴黎圣母院、维纳斯女神塑像都是根据黄金比例创造出来的。

在工业造型设计中，产品的外形、形体的分割、面板的设计经常应用这种比例。当然，任何一种规律都不是僵死的，即使被称为"黄金比例"也可以有一定的宽容度。随着人们审美观念的变化，审美要求的不断提高，审美情趣的不断变化，物质技术的不断进步，如结构力学和材料科学的发展，各式各样新材料、新工艺的出现也会产生新的比例关系，设计师、艺术家在灵活运用的同时，要有创新精神，不应拘泥于黄金比的约束，要敢于追求突破和大胆变化。如艺术大师米开朗基罗常把雕像的身躯塑造成头长的9倍、10倍甚至12倍，目的是为人们创造自然形象中找不到的理想美，如图2-23所示。

图2-23　米开朗基罗的雕像作品

（2）根号矩形

根号矩形又称平方根矩形，其特点是宽长之比分别为1：$\sqrt{2}$、1：$\sqrt{3}$、1：$\sqrt{5}$等一系列比例形式所构成的系数比例关系。其作图方法主要有以下三种。

① 先画出边长为1个单位长的正方形，然后以此正方形对角线AC为半径、顶点A为圆心做弧交AB延长线于E点，如图2-24所示。

这样以AD为短边、AE为长边的矩形即为$\sqrt{2}$矩形。依次用相同作法，可得$\sqrt{3}$矩形、$\sqrt{4}$矩形和$\sqrt{5}$矩形。

② 先做一正方形，以某顶点为圆心，以边长为半径在正方形内画弧与对角线相交于一点，再通过此点画于底边平行的线，则$\sqrt{2}$得矩形。以同样的方法依次画下去，就得到$\sqrt{3}$矩形、$\sqrt{4}$矩形和$\sqrt{5}$矩形，如图2-25所示。

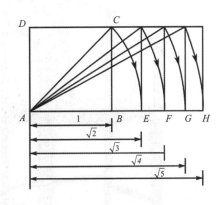

图2-24　根号矩形作图法1

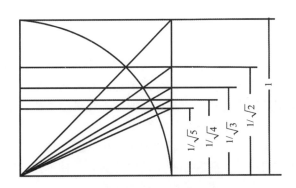

图2-25　根号矩形作图法2

③ 先画正方形，以其对角线作为一长边，正方形边长为短边构成$\sqrt{2}$矩形；以$\sqrt{2}$矩形的对角线为一长边，正方形边长为短边构成$\sqrt{3}$矩形；以同样的方法反复画下去，可画出一系列

根号矩形，如图2-26所示。

在现代工业产品造型设计中，$\sqrt{2}$，$\sqrt{3}$，$\sqrt{5}$ 比例关系符合人们的现代审美需求，故这三个比例的矩形已被广泛采用。

（3）整数比例

整数比例是以正方形为基本单元而组成的不同的矩形比例。具体为 $1:2$，$1:3$，...，$1:n$ 的长方形。这种比例具有明快、均匀的美，在造型设计中，工艺性好，适合现代化大生产的要求，在现代工业产品造型设计中使用很广泛。

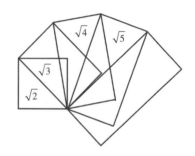

图2-26　根号矩形作图法3

此外还有相加级数比（弗波纳齐级数）、等比数列比、调和数列比、贝尔数列比等在工业产品造型中常被采用。

所谓尺度是以人体尺寸作为度量标准，对产品进行相应的衡量，表示造型物体体量的大小，以及同它自身用途相适应的程度。概括地说尺度是产品与人两者之间的比例关系。

① 尺度与产品的物质功能有关　如机器上的操纵手柄、旋钮等，其尺度必须较为固定，因为它们必须与人发生关系，它们的设计要与人的生理、心理特点相适应。由此确定它们的尺度。如果单纯考虑与机器的比例关系，使这些操纵件尺度过大或过小，势必造成操作不准确或失误。

② 产品尺度可在产品物质功能允许范围内调整　良好的比例关系和正确的尺度，对于一件工业产品来说都是重要的，但首先解决的应该是体现物质功能的尺度问题。所以，在造型设计中，一般先设计尺度，然后再推敲比例关系，当两者矛盾较大时，尺度应在允许的范围内作适当调整。例如，男表与女表在尺度上的差别是被限制在一定范围内的。这种限制范围是表的物质功能所允许的。如果因女表做得太小看不清时间，或男表做得太大而无法戴在手腕上，都是失去了手表的物质功能。又如微型汽车的车门，按照车身造型比例设计会造成车门尺寸过小，乘员根本无法进出。所以，在造型设计中，比例与尺度应综合考虑、分析和研究。图2-27为比例与尺度结合设计的杯子。

图2-27　杯子

3. 对称与均衡

对称、均衡法则，来源于自然物体的属性，是动力和重心两者矛盾统一所产生的形态。对称和平衡这两种不同类型的安定形式，也是保持物体外观量感均衡，达成形式上安定的一种法则。

对称，是以物体垂直或水平中心线为轴，其形态上下或左右对称，图2-28所示的对称具有一种定性的统一形式美，给人以严肃、庄重、有条理的静态美，一般宜表现庄严性或纪念性产品或作品，也适用于会场或某种仪式的总体布局。

工业产品的造型设计大多采用对称的形态。一方面是

图2-28　对称的家具

产品物质功能的要求，如飞机、汽车、火车、轮船等；另一方面是采用对称形式的造型，可以给人们增加心理上的安全感，使产品的功能与造型获得感受上的一致，产生协调的美感。对称是均衡的特例，它是等形等量的平衡，其支点肯定置于对称轴上，同时视觉中心也在对称轴上，如图2-29所示。

均衡是指组成产品的各部分形体或体量之间前后、左右相对平衡的关系，是对物体长期观察和认识中形成的心理感受。它具有一种变化活泼的感觉。均衡在视觉上给人一种内在的、有秩序的动态美，它比对称更富有情趣，具有动中有静，静中寓动，生动感人的艺术效果，如图2-30所示。均衡也是衡量产品造型美的主要标准。

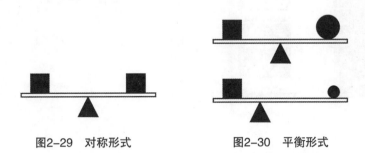

图2-29　对称形式　　　　　　　　图2-30　平衡形式

均衡的形式法则一般以等形不等量、等量不等形和不等量不等形三种形式存在。对称与均衡形式美法则在实际使用中，往往对称和均衡同时考虑。有的产品总体布局可用对称形式，局部采用均衡法则；有的在总体布局上采用均衡法则，局部采用对称形式；也有的产品由于物质功能需要，造型必须对称，但在色彩及装饰设计上采用均衡法则。总之，对称均衡法则要综合考虑，灵活运用，使产品在视觉上庄重大方又不失活泼。

4. 稳定与轻巧

当人们在使用产品时，在心理上总是希望有安全感的，因此，在产品的设计中，首要的问题是要求产品在工作状态时是安全和稳定的，稳定也是一种美的表现。

稳定，是指造型物上下之间的轻重关系。稳定的基本条件是：物体重心必须在物体支撑面内以，且重心越底，越靠近支撑面的中心部位，其稳定性越大。稳定给人以安全、轻松的感觉，不稳定则给人以危险和紧张的感觉。在造型设计中稳定表现有"实际稳定"和"视觉稳定"。实际稳定是指产品实际质量重心符合稳定条件所达到的稳定；视觉稳定是指以造型物体的外部体量关系来衡量其是否满足视觉上的稳定。

轻巧，也是指造型物上下之间的轻重关系，即在满足"实际稳定"的前提下通过艺术的方法，使造型物给人以轻盈、灵巧的美感。在造型设计中一般可采用提高重心、缩小底部面积、作内收或架空处理，适当地多用曲线、曲面等。在色彩及装饰设计中，一般可采用提高色彩的明度，利用材质给人的联想，或者将标牌及装饰带上置等方法来获得轻巧感。

稳定与轻巧是一个问题的两个方面，设计时应综合考虑，恰当处理。工业产品种类繁多，在运用稳定与轻巧形式美法则时，一定要与该产品的物质功能相一致。

稳定与轻巧感同下列因素有着密切的关系。

① 物体重心　物体重心高，给人以轻巧感，而重心低的形体，则给人以稳定感。

② 接触面积　接触面积大的形体，具有较强的稳定感；接触面积小的则有轻巧感。

③ 体量关系　尺寸巨大的体量、封闭式体量，特别是由上而下体量逐渐增加的造型形体，具有稳定的感觉；小的体量、开放式体量都可以取得轻巧的效果。图2-31、图2-32所示为封闭式体量产品和开放式体量产品。

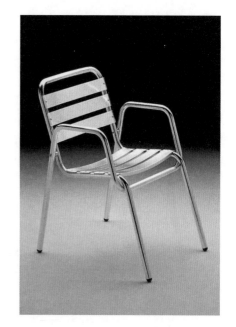

图2-31　封闭式体量产品　　　　　　　图2-32　开放式体量产品

④ 结构形式　对称结构形式具有稳定感，均衡结构形式具有轻巧感。

⑤ 色彩及其分布　明度低的色，量感大。因此，低明度色装饰在产品上部，会增加轻巧感；装饰在下部，会带来稳定感。明度高的色，其效果刚好相反。

⑥ 材料质地　不同的材料质地能产生不同的心理感受。这些感受取决于两个方面。一是材料表面状态：表面粗糙、无光泽的材料比表面致密、有光泽的材料具有较大的量感；二是材料比重的感受，由于人们生活经验的积累，有着概念上的重量认识，因此，对于金属制成的产品，造型时要注意形态轻巧感的创造，而对于塑料、有机玻璃制成的产品，造型时要注意形态稳定感的创造。

⑦ 形体分割　形体分割包括色彩的分割、材质的分割、面的分割和线的分割等。不论哪种分割，其主要作用是将大面积（大体积）产品表面分割成几个部分，使产品产生变化、轻巧和生动感。

5. 节奏与韵律

节奏是客观事物运动的属性之一，是一种有规律的、周期性变化的运动形式。它反映了自然和现实生活中的某种规律。例如人的心跳和呼吸、音乐等。在产品的造型设计中，节奏的美感主要是通过线条的流动、色彩的深浅间断、形体的高低、光影的明暗等因素作有规律的反复、重叠，引起欣赏者的生理感受，进而引起心理感情的活动。

韵律是一种周期性的律动作有规律的变化或重复。它是在节奏的基础上，赋予情调的作用，使节奏具有强弱起伏、悠扬缓急的情调。所以，节奏是韵律的条件，韵律是节奏的深化。

在现代工业生产中，由于产品的标准化、系列化和通用化的要求，组合机件在符合基本模数的单元构件上的重复使用，都使得产品具有一种有规律的循环和连续，从而产生节奏感和韵律感。在产品造型设计中，可通过线、体、色、质感来创造节奏和韵律。韵律的体现一般有以下几种。

① 连续韵律　造型要素（如体量、线条、色彩、材质）有条理地排列，称为连续韵律。图2-33所示即为一个要素无变化的连续重复，从而形成连续韵律。

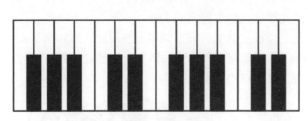

图2-33　连续韵律

图2-34　渐变韵律

②渐变韵律　造型要素按照一定规律作有组织地变化，称为渐变韵律。如图2-34所示，它呈现一种有阶段的、调和的秩序。渐变是多方面的，有大小的渐变、间隔的渐变、方向的渐变、位置的渐变、形象的渐变或色彩、明暗的渐变等。这种渐变韵律既有规律，且表现手法简单易行，所以在工业产品造型设计中运用较多。如机械产品罩壳上的通气孔、百叶窗、操作面板上的按键、旋钮的布置等。

③交错韵律　造型要素按照一定的规律，进行交错组合而产生的韵律称为交错韵律。如图2-35、图2-36所示，其特点是造型要素之间对比度大，给人以醒目的作用，是设计中常采用的一种表现手法。

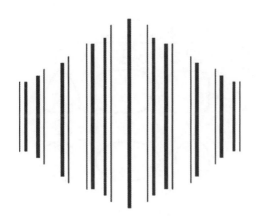

图2-35　交错韵律

图2-36　俄罗斯馆所体现的交错韵律

④起伏韵律　造型要素使用相似的形式作起伏变化的韵律，称为起伏韵律。这种韵律动态感较强，运用得好可以获得生动的效果，其中起伏曲线的优美程度十分重要，这在汽车造型设计中经常见到。

上述韵律的共同特征是重复与变化。没有重复就没有节奏，也就失去了产生韵律的先决条件；而只有重复没有规律行的变化，也就不可能产生韵律的美感。

6. 对比与调和

对比与调和的法则，在自然界和人类社会中广泛地存在着。它们是在同质的造型要素间讨论共性或差异性。有对比，才能在统一中求得变化，使相同事物产生不同的个性；有调和，才能在变化中求统一，使不相同的事物取得类似性。

对比，是突出同一性质构成要素间的差异性，使构成要素间具有明显的不同特点，通过要素间的相互作用、烘托，给人以生动活泼的感觉。对比强调个性、差异性。

调和，指两个或两个以上的构成要素间存在有较大差异时，通过另外的构成要素的过渡衔接，给人以协调、柔和的感觉。调和强调共性、一致性。

在造型设计中，对比可使形体活泼、生动、个性鲜明，它是取得变化的一种手段。调和可对对比的双方起着约束的作用，使对方彼此接近，产生协调的关系。

只有对比没有调和，形象就会产生杂乱、动荡的感觉；只有调和没有对比，形体则显得呆板、平淡。产品造型设计应该针对产品的不同物质功能及其具体的形象，正确处理好对比与调和的关系，使产品造型既生动、活泼和丰富，又体现出稳定、协调和统一，如图2-37所示。

工业产品的造型设计一般来说，通常在以下几个方面构成对比与调和的关系。

① 线型的对比与调和　线是造型中最富有表现力的一种构成要素。线型对比能强调造型形态的主次以及丰富形态情感的作用。线型对比主要表现为：直与曲、粗与细、长与短、虚与实等。

线型的调和是指组成产品的轮廓线、结构线、分割线和装饰线等线型应尽量协调。产品若以直线为主，则转折部分只宜采用少量的弧线或小圆角过渡，形成以直线为主，又有直线与曲线对比的调和效果。现代轿车呈楔形的车身造型轮廓是以直线为主的，而在直线相交的转折处采用了曲线过渡，其调和效果较好。同样，产品若以曲线为主，在直线部分则尽量使之自然过渡，形成以曲线为主，又有曲线与直线的对比的调和效果。图2-38所示是三种直线与曲线调和的例子。

② 形的对比与调和　形的对比主要表现为形状的对比，如方圆、凹凸、上下、高低、宽窄及大小的对比等。如图2-39所示的电冰箱，三个功能区不仅产生大小对比而且还有方向对比，在视觉上，感到生动、活泼和统一。

③ 色彩的对比与调和　不同的色相、明度、纯度都可以形成对比。由此也可产生出冷暖、明暗、进退、扩张与收缩等的对比。

④ 材质对比与调和　在同一形体中，使用不同的材料可构成材质的对比。主要表现为人造与天然、金属与非金属、有无纹理、有无光泽、粗糙与光滑、坚硬与柔软等。材质的对比虽然不会改变造型的形体，但由于它具有较强的感染力，而使人们产生丰富的心理感受。

⑤ 虚实关系的对比与调和　虚，指的是产品透明或镂空的部位。虚给人以通透、轻巧感。实，指的是产品的实体部位。实给人以厚实、沉重和封闭感。

在产品造型中，虚实对比主要表现为凹与凸、实与空、疏与密等。实的部分通常为重点表现的主题，虚

图2-37　酒架

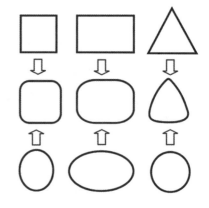

图2-38　线型的调和

图2-39　电冰箱

的部分起衬托作用。虚实构成对比与调和，能使形体的表现更丰富。

7. 主从与重点

"主"，即主体部位或主要功能部位。对设计来说，是表现的重点部分，是人的观察中心。"从"，是非主要功能部位，是局部，次要的部分。

在工业造型设计中，主从关系非常密切，没有重点，则显得平淡，没有一般也不能强调突出重点。产品设计中需要设置一个或几个能表现产品特征的视觉中心，产品的视觉中心设置的好坏可直接影响到产品形象的艺术感染力。

在造型设计中，视觉中心的形成，可采用下述几种方法：

① 采用形体对比，突出重点　如用直线衬托曲线，用简单形体衬托复杂形体，用静态形体衬托动态形体等；

② 采用色彩对比，突出重点　如用淡色衬托深色，用冷色衬托暖色。用低明度色衬托高明度色，用高明度色衬托低明度色等；

③ 采用材质对比，突出重点　如用非金属衬托金属，用轻盈材质衬托沉重材料，用粗糙材质衬托光洁材质等；

④ 采用线的变化（如射线），动感或透视感强的形式，引导视线集中一处，以形成视觉中心；

⑤ 将需要突出表现的重点部分设置在接近视平线的位置上。

一般来说，产品的视觉中心往往不止一个，但必须有主次之分。主要的视觉中心必须最突出、最有吸引力，而且只能有一个，其余为辅助的次要的视觉中心。

8. 过渡与呼应

过渡是指在造型物的两个不同形状或色彩之间，采用一种既联系二者又逐渐演变的形式，使它们之间相互协调，取得和谐、统一的造型效果。产品的造型一般是通过连续渐变的线、面、体和色彩实现过渡的。

呼应是指造型物在某个方位上形、色、质的相互联系和位置的相互照应，使人在视觉印象上产生相互关联的和谐统一感，使它们之间相互协调，达到和谐的造型效果。如图2-40所示为2010年上海世博会上德国馆的造型设计，充分体现了设计上过渡与呼应的美学法则。

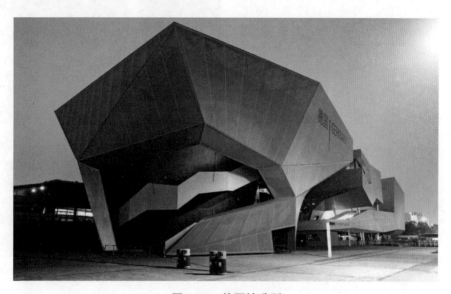

图2-40　德国馆造型

9. 比拟与联想

比拟是比喻和模拟，是事物意象相互之间的折射、寄寓、暗示和模仿。联想是由一种事物到另一种事物的思维推移与呼应。简言之，比拟是模式，而联想则是它的展开。

工业产品形态的构成，除满足其功能要求外，还要求其形态给人们以一定事物美好形象的联想，甚至产生对崇高理想和美好生活的向往。这样的造型设计就能满足物质、精神两方面的需要。而这样的造型设计，通过比拟与联想的艺术手法即可获得。比拟与联想在造型中是十分值得注意的，它是一种独具风格的造型处理手法，处理得好，能给人以美的欣赏。处理不当，则会使人产生厌恶的情绪。比拟与联想的造型方法有以下几种。

① 模仿自然形态的造型　这是一种直接以美的自然形态为模特的造型方法。这种造型方法，多见于儿童用品与生活用品，如猫头鹰挂钟、儿童马头座椅等。这种造型的特点是比拟对象明确、直接；缺点是联想不足或联想范围窄。图2-41所示为模仿人耳朵的钥匙链。

② 概括自然形态的造型——仿生　在自然形态的启示下，通过对自然形态的提炼、概括、抽象、升华，运用比拟与联想的创造，使产品造型体现出某一自然物象美的特征，使产品形态具有"神"似，而非"形"似的特点。这种造型方法注重概括、含蓄和再创造。图2-42所示为一款以仙鹤为原型的仿生设计的椅子。

③ 抽象形态造型　以点、线、面、体构成的抽象几何形态作为产品的造型。用这种造型方法创造出的产品形态与客观事物毫无共同之处。无法直接引起比拟与联想。但是，由于构成形态的造型基本要素本身具有一定的感情内容，使之所构成的抽象形态也能存在或传递一定的情感。如静止与运动、笨拙与灵巧、臃肿与纤细、安定与危险等。因此，抽象形态的造型首先要求设计者必须准确掌握点、线、面、体、色、肌理等造型要素的性格特征，才能创造出体现某一具体形式美的产品形态。

美的形式法则为设计者提供了审美依据和发挥想象力、创造力的空间，但是作为设计者还必须认识到，在产品设计中谈论纯粹的形式美是无意义的，产品设计的形式美必须与消费者、市场联系起来，要通过研究市场、研究消费者将设计者的审美体验和消费者对美的需求结合起来，从而创造出符合需要的美的形式，使产品在激烈的市场竞争中以设计创新性来提高市场竞争力。

图2-41　模仿人耳朵的钥匙链

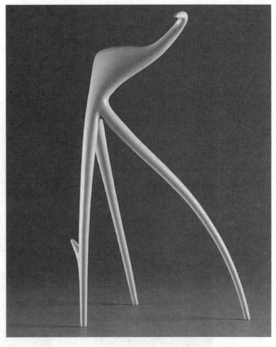

图2-42　以仙鹤为原型的仿生设计的椅子

二、产品造型的技术美要求

技术美是科学技术与美学艺术相融合的新的物化形态，是现代科学技术和现代工业在美学领域中的重要分支，技术美是物质生产领域的直接产物，反映的是物质的社会现象。技术美的研究同其他美学研究存在着共性，同时也受到产品物质功能和经济、技术条件等因素的制约，而具有自身的特点。工业产品的美学含义不是单一的，而是功能、精神、科学、材料和工艺等领域内美的因素的综合。也就是说，作为某一特定内容的工业产品，必须结合自己的科技内容来塑造自己的特定形状，而不是仅仅停留在形式美感上，简单地表现自己。总之，工业造型是以自己的独特个性，在科学与艺术的两大领域中，体现出自己特有的美学内容。

归纳起来，技术美的基本内容，主要有以下几个方面。

1. 功能美

功能美是指产品良好的技术性能所体现的合理性，是科学技术高速发展对产品造型设计的要求。技术上的良好性能是构成产品功能美的必要条件，反映的是人的社会现象。

2. 结构美

结构美是产品依据一定原理而组成的具有审美价值的结构系统。结构是保证产品实现物质功能的手段，材料是实现产品结构的基础。同一功能要求的产品可以设计成多种结构形式，若选用不同的材料其结构形式也可产生多种变化。结构形式是构成产品外观形态的依据，结构尺寸是满足人们使用要求的基础。

3. 工艺美

工艺美是指产品通过加工制造和表面涂饰等工艺手段所体现的表面审美特性。工艺美的获得主要是依靠制造工艺和装饰工艺两种手段。制造工艺主要通过机械精整加工后所表露出的加工痕迹和特征。装饰工艺通过涂料装饰或电化学处理以提高产品的机械性能和审美情趣。

4. 材质美

材质美是指选取天然材料或通过人为加工所获得的具有审美价值的表面纹理，它的具体表现形式就是质感美。质感按人的感知特性可分为触觉质感和视觉质感两类。触觉质感是通过人体接触而产生的一种舒适的或厌恶的感觉。视觉质感是基于触觉体验的积累，凭视觉就可以判断它的质感而无需再直接接触。

5. 舒适美

舒适美是指人们在使用某产品的过程中，通过人机关系的协调一致而获得的一种美感。舒适美主要是通过人的生理感受（如操作方便、乘坐舒适、不易产生疲劳等）和心理感受（如形态新颖、色调调和、装饰适当等）两方面来体现的，其中更侧重生理上的感受。

现代工业产品造型设计的一个最重要的要求就是要符合现代化大生产方式。因此，很多工业产品都规定了自己的型谱和系列，使其设计生产符合标准化、通用化和系列化的原则。标准化、通用化和系列化是一项重要的技术、经济政策，它不仅有利于产品整齐划一和造型设计，使产品具有统一中的规范美感和协调中的韵律美感，而且有利于促进技术交流、提高产品质量、缩短生产周期、降低成本、扩大贸易，增强产品的市场竞争能力。

在现代社会中，科技与艺术都发现，把自己局限于自身的领域中，是不能解决人类生产、生活中的各种问题的，只有把科技与艺术这两个领域结合起来进行研究，才能求得各自的更大发展。任何一件工业产品都是科学技术和艺术统一的结晶。

一件工业产品，从设计到生产、销售，所涉及的领域是多方面的，如图2-43所示。作为造型设计者必须具备相关方面的知识，不仅需要科技的理智，而且还应具有敏锐的感觉和丰富的情感，用人类共识的科学、技术、艺术的"语言"来塑造出完整的现代产品形象。

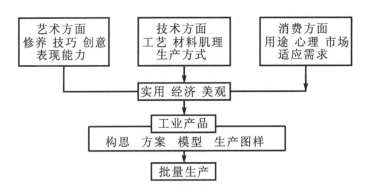

图2-43　工业产品涉及领域

第五节　经济性设计原理

经济性设计原理主要体现在产品设计的商品化理念与价值工程方面。

一、商品化设计理念

产品最终要成为商品，要进入市场流通，因此必然要受到市场经济规律的制约，尤其在商品市场激烈竞争的情况下，一个企业能否生存与发展，在某种意义上讲主要取决于两个方面：一是它所生产出的产品是否为社会所需，真正为社会所接受；二是它能否从中获得利润。这两方面的关键是产品。企业要通过产品的设计开发与不断更新来满足社会的需要，要通过产品技术的、经济的、艺术的多方面综合设计及各种促销手段获得利润。因此，企业的命运是与它所生产的产品（商品）的命运连在一起的，商品化的设计理念是为了加快产品更新速度，提高产品设计价值，制定有效的营销策略。

商品化设计的理念有以下几个方面。

1. 加快产品更新进度

任何一种产品的市场生存周期都是有限的。随着现代科学技术和设计方法的普及与发展、消费者生活水平的提高和价值观念的变化，加之市场的激烈竞争，产品的市场生存周期变得愈来愈短，变化速度也日趋加快。因此，企业要根据自身的人力、财力、物力及市场的需求和变化状况，及时开发适销对路产品，并选择时机投放市场。这是使产品迅速转化为商品、及时占领市场的重要手段之一。

2. 提高产品设计价值

产品设计价值是通过产品的综合设计质量以满足人们需求和愿望的能力，即消费者的满意程度来体现的。换言之，一种产品能否赢得市场，能否获得利润，其成功的焦点是消费者的需求。

开发新产品存在着风险，但它又是企业赢利的基本前提，如果设计的开始就从消费者的实际需求出发，设计定位准确，就可以有效地减少这种风险。

由此可见，提高产品设计价值的关键是"设计"与"需求"之间的有机统一。只有"需求"才是"设计"的出发点，人的需求是多方面的，包括对产品合理使用功能出需求、造型形式的审美需求和象征需求等。同时，不同地区、不同时期、不同性别、不同年龄、不同层次的需求也有一定的差异，这些需求的共性因素又都是差异性因素，由此构成了产品定位设计的基础条件。就一个企业或一个设计师而言，只有深入地了解市场，掌握人的需求目标（明显需求和潜在需求），才能准确地进行定位设计，从而提高产品的设计价值。

3. 制定有效的营销策略

产品的营销策略，是指根据市场消费特征所制定的决策方针、销售计划及实施手段。制定有效的产品营销策略主要考虑以下几种因素。

① 销售对象　销售对象包括不同销售地区及不同层次的消费者。因此要因地、因人制宜，对不同市场投入不同的产品，要考虑市场与文化环境、社会环境的关系，制定出重点销售的目标和计划。

② 销售时机　指销售策略的时间因素。任何一种商品在市场上生存的周期都要经过导入期、成长期、成熟期及衰退期，在不同的时期应有不同的销售对策，以缩短导入期，扩大成长期和成熟期，减缓衰退期，并在各个期间把握不同的销售时机、价格、销路及售后服务等，从而有效地促进产品销售。

③ 竞争因素　要充分了解和掌握同行业、同类产品的情况。其中包括企业的经济、技术力量、产品的销售计划、价格及产品的设计质量、性能的优缺点等多方面情况，这样才能有效地制定切实可行的营销策略。

二、价值工程

价值工程是在技术与经济相结合的基础上，以研究产品功能与成本费用为主要内容，以提高产品价值为目的的一种现代设计方案。它广泛地应用于产品的研究、开发、设计、生产、经营、管理等各领域中，起着提高企业经济效益的重要作用。

1. 价值分析

产品的价值与其功能和成本有关，其关系如下式：

$$价值（V）=功能（F）／费用（C）$$

① 产品价值　产品的价值是指产品对人、对社会、对生产企业的整体效用。对人的效用是人在使用产品的过程中满足生理和心理需求的程度；对社会的效用是在实现社会物质文明与精神文明建设中对社会资源的节约程度；对企业的效用是对企业最终目标——提高经济效益的实现程度。

产品价值是产品功能与获得该功能的全部费用之比。价值作为一种观念，作为人们对产品的一种认识和评价是随时间的推移和社会发展而变化的。站在使用者的立场上，产品的价值体现在人对所需要的功能（包括物质的和精神的）的满意程度及购置产品和使用产品的成本费用，即价值是需要功能与产品寿命周期成本之比。现代产品的价值观念是企业必须从使用者的需要出发，在考虑产品功能如何全面满足使用需求的同时，对实现这些功能的全面投入（包括在生产者范围内发生的和在使用者范围内发生的）都加以考虑，才能使产品的功能在整个寿命周期内可靠地实现。

② 产品功能　产品相对使用者所具有的功用、作用、用途及工作能力。从价值工程的观点看，人们购买产品（商品）的实质是购买产品的功能。产品本身只是体现功能的媒体。同样，设计产品实质上是通过有形的产品设计出人们所需要的功能。产品结构本身只不过是实施特定功能的一种手段，但不是唯一的。例如，手表的功能是显示时间，但实现这一功能的手段是多种多样的，有机械结构、电子结构，有指针显示、数字显示等。这样从现有产品结

构的思考中摆脱出来，着眼于功能研究，进行功能定义和功能分析，就可以极大地拓宽设计思路，设计出具有高价值的产品。

按产品的性质，产品的功能主要分为物质功能和精神功能。物质功能与使用、技术、经济有关。一件产品要能为使用者服务、要能使用，并在使用中使人感到性能可靠、经济实用才行。精神功能主要表现在与人生理、心理方面有关的功能。如产品的形态、色彩、表面装饰等外在形式应使人感到赏心悦目、心情舒畅、使用方便、舒适。

按使用者对产品功能的需求，可分为必要功能和不必要功能。必要功能是指为满足使用者需求必须具备的功能，不必要功能是指产品具备的与使用者需求无关的功能。有时也称为过剩功能。一件产品的功能是否必要是以使用者的要求为准则的。因此，要根据使用者的实际需求进行功能分析，确定必要功能，消除不必要功能。因为人们不会花钱去购买多余功能，多余功能也就无价值可言了。

按照功能的重要程度，产品的功能可分为基本功能和辅助功能。基本功能是与产品主要目的直接相关的功能，是产品存在的理由，亦即产品最基本的用途。如，灯的基本功能是照明，电视机的基本功能是显示图像。如果灯不亮、电视机不能显示图像，就失去了存在价值；辅助功能是为更好实现基本功能、更有利于基本功能的发挥而具备的功能。在现代工业产品的设计中，辅助功能具有重要作用，在一定条件下，它可以增强产品的精神功能，创造更合理、更人性化的使用方式，提高产品的使用价值。如手机的基本功能是通话，但其辅助功能mp3、mp4、拍照等功能都让消费者在使用产品的过程中感受到了乐趣。

③ 产品成本　指实现功能过程中投入全部资源的总和，其中包括设计、生产、销售过程中的费用及使用、维修、保养过程中的费用。

就企业和使用者的共同利益而言，降低产品的总费用成本是提高产品价值的重要途径。降低成本的传统方法是在产品设计之后，利用降低加工制造费用、减少废品及无浪费管理等手段来实现的，因此降低成本有一定限度。而价值工程是从产品的功能研究开始，探索设计过程中降低成本的多种途径。经调查统计，产品成本总费用的70%～80%是在设计过程中决定的，因此设计过程中的每一环节都可提供降低成本的途径。如通过功能分析，可以消除多余功能和过剩功能、简化结构、降低零部件的数量，或采用替代材料，提高产品的可靠性等，从而设计出功能合理、成本更低的产品。经过价值工程研究的产品，成本一般可降低25%～40%。

2. 提高产品价值的途径

提高产品价值有5种基本途径，如表2-1所列。

表2-1　提高产品价值的途径

功能＼项目	功能F	成本C	价值V
1	↑	→	↑
2	→	↓	↑
3	↑	↓	↑ ↑
4	↑ ↑	↑	↑
5	↓	↓ ↓	↑

3. 提高产品价值的措施

① 方案优选　在设计中，关键是要创造出能满足使用者要求的功能，产生最佳设计方案。产品所要实现的功能是确定的，而实现目标的方法和形式是不确定的，因此设计构思范围越宽，可供选择的方案越多，得到最佳方案的概率就越大。就设计师而言，不仅要具有一定的创造能力和综合设计能力，还需掌握系统分析、综合比较、定量与定性优化的现代设计方法。

② 材料优选　材料是产品的物质基础，选择材料首先要满足产品本身的性能要求，其次应以降低成本为原则。如果可以选用低价材料，就不选用高价材料。降低材料成本的另一条重要措施是采用节约材料的结构。如薄壳加筋结构可以大大提高构件的强度和刚度，减轻重量、节约材料、降低成本。

③ 简洁性设计　在产品功能不变的前提下，力求结构、形态及使用方式的简洁化。结构简洁可以减少零部件的数量，使产品出故障率下降，利于维修，提高产品的可靠性；形态简洁可以降低加工工艺的难度，简化工序，利于保证质量，降低加工成本；使用方式的简洁可以提高产品的适用性和方便性，也相应提高了产品的使用功能。

④ 标准化设计　在设计中要根据有关标准，尽量采用标准件、通用件。标准化设计可以提高产品组件的互换性，可以降低成本。

⑤ 加快设计速度　即从节约和减少设计时间方面降低设计成本，在设计中尽可能采用计算机辅助设计（CAD）和计算机辅助制造（CAM）系统，这样可更多地节约设计时间、提高产品生产效率、缩短产品开发周期。采用系列设计也是减少设计时间的一种方法。首先设计一种典型方案，然后利用相似设计原理及模块化设计原理，就可以较快地得到不同参数和不同尺寸的多个系列方案。系列方案越多，减少设计时间的效果越显著。

第六节　创造性设计思维

一、创造性思维的一般含义

"思维"是人脑对客观事物间接的和概括的反映，它既能动地反映客观世界，又能动地反作用于客观世界。"思维"是人类智力活动的主要表现方式，是精神、化学、物理、生物现象的混合物。"思维"通常指两个方面，一指理性认识，即"思想"；二指理性认识的过程，即"思考"。思维有再现性、逻辑性和创造性。它主要包括抽象思维与形象思维两大类。

"创造性思维"又称"变革性思维"，是反映事物本质和内在、外在的有机联系，具有新颖的广义模式的一种可以物化的思维活动，是指有创见的思维过程。创造性思维不是单一的思维形式，而是以各种智力与非智力因素为基础，在创造活动中表现出来的具有独创的、产生新成果的高级、复杂的思维活动，是整个创造活动的实质和核心。创造性思维的简要特点是高度新颖性，获得成果过程的特殊性，对智力发展的重大影响性。在评价标准上强调思维成果的新颖性、开创性和社会效益。在研究方法上特别重视想象、直觉、灵感、潜意识等在思维活动中的作用。

创造性思维的实质，表现为"选择"、"突破"、"重新建构"这三者的关系与统一。所谓选择，就是找资料、调研、充分地思索，让各方面的问题都充分想到、表露，从中去粗取精、去伪存真，特别强调有意识的选择。法国科学家H·彭加勒认为："所谓发明，实际上就是鉴别，简单说来，也就是选择。"所以，选择是创造性思维得以展开的第一个要素，也是创造性思维各个环节上的制约因素。选题、选材、选方案等，均属于此。

在创造性思维进程中，决不可盲目选择。目标在于突破，在于创新。而问题的突破往往表现为从"逻辑的中断"到"思想上的跳跃"。孕育出新观点、新理论、新方案，使问题豁然开朗。

人的思维不一样导致选择看待问题的角度不同，设计思路不同，从而产生不一样或完全不同的结果。这就是在工业造型设计中，为什么同样功能的产品形态各异，而不同功能的产品有时形态具有家族化特征，其归根结底是思维的方向性不同。在生活中因思维不一样给人带来的发展结果也不一样的例子大量存在。

案例：一公司有两家鞋厂分别派了一位推销员到太平洋上的一个小岛推销鞋子，这个岛地处热带，岛上居民一年四季都光着脚，全岛上找不出一双鞋子。一家鞋厂的推销员很失望，给公司本部拍了一份电报："岛上无人穿鞋，没有市场。"第二天，他就回国了。而另一家鞋厂的推销员看到这个岛上没人穿鞋，心中大喜，他住了下来，也立即给公司拍了一份电报："岛上无人穿鞋，市场潜力很大；请速寄100双鞋来。"等适合岛上居民穿的软塑料凉鞋寄到岛上，这个推销员已与岛上的居民混熟了，他把99双凉鞋送给了岛上有名望的人和一些年轻人，自己留下了一双穿。因为这种鞋不怕进水，又可保护脚不受蚊虫叮咬和石块戳伤，岛上居民穿上之后都觉得很舒服，不愿再脱下来。时机已到，推销员马上从公司运来大批鞋子，很快销售一空。一年后，岛上居民就全部穿上了鞋子。

思维分析：岛上的居民从不穿鞋，这对于鞋厂的推销员来说，就有两种可能：一种是鞋子卖不掉，没有市场；另一种就是这个市场可以开拓出来，让岛上的人都穿上鞋。在这种机会均等的条件下，这两位推销员作出了两种截然相反的思维判断，体现了两种完全不同的思维方式，所以就采取了相反的策略和努力，也就出现了两种截然不同的结果。

二、创造性思维的形式

创造性思维在本质上高于抽象思维和形象思维，是人类思维的高级阶段。它是形象思维、发散思维、收敛思维；直觉思维、灵感思维等多种思维形式的协调统一，是高效综合运用、反复辩证发展的过程，而且与情感、意志、创造动机、理想、信念、个性等非智力因素密切相关，是智力与非智力因素的和谐统一。

1. 抽象思维

抽象思维亦称逻辑思维，是认识过程中用反映事物共同属性和本质属性的概念作为基本思维形式，在概念的基础上进行判断、推理，反映现实的一种思维方式，使认识由感性个别到理性一般再到理性个别。一切科学的抽象，都更深刻、更正确、更完全地反映客观事物的面貌。随着社会的进步，科学技术的发展，现代设计方法的确立，抽象思维的作用更显重要。

德·伊·门捷列夫发现元素周期律，完成了科学上的一个勋业。当时大多数科学家均热衷于研究物质的化学成分，尤其醉心于发现新元素，但却无人探索化学中的"哲学原理"。而门捷列夫却在寻求庞杂的化合物、元素间的相互关系，寻求能反应内在、本质属性的规律。他不但把所有的化学元素按照原子量的递增及化学性质的变化排成合乎自然规律、具有内在联系的一个个周期，而且还在表格留下了空位，预言了这些空位中的新元素，也大胆地修改了某些当时已公认了的化学元素的原子量。这是抽象思维十分典型的实例。

归纳和演绎、分析和综合、抽象和具体等，是抽象思维中常用的方法。所谓归纳的方法，即从特殊、个别事实推向一般概念、原理的方法。而演绎的方法，则是由一般概念、原理推出特殊、个别结论的方法。所谓分析的方法，是在思想中把事物分解为各个属性、部分、方面，分别加以研究。而综合则是在头脑中把事物的各个属性、部分、方面结合成整体。作为思维方法的抽象，是指由感性具体到理性抽象的方法；具体则指由理性抽象到理性具体的方法。它们都是相互依存、相互促进、相互转化的，彼此相反但又相互联系。

在工业造型设计中，常常利用抽象的点、线、面、体进行设计练习，从产品的本质功能出发，利用简洁的几何形造型元素进行设计；图2-44所示为利用抽象造型元素设计的复印机。

2. 形象思维

图2-44　复印机

形象思维是一种表象——意象的运动。通过实践由感性阶段发展到理性阶段，最后完成对客观世界的理性的认识。在整个思维过程中一般不脱离具体的形象。通过想象、联想、幻想，常伴随着强烈的感情、鲜明的态度，运用集中概括的方法而进行的思维运动。

所谓表象，是通过视觉、听觉、触觉等感觉、知觉，在头脑里形成所感知的外界事物的感知形象——映象。通过有意识、有指向地对有关表象进行选择和重新排列组合的运动过程，产生能形成有新质的渗透着理性内容的新象，则称意象。

"协和"飞机的外形设计（图2-45），是对鹰的仿生。但其设计构思，既不是鹰外形表象的简单复现，也不是以往飞机外形的照搬，而是设计师根据"协和"飞机的各种功能要求，在上述"鹰"等表象的基础上，有意识、有指向地进行选择、组合、加工后所形成的新象。即渗透着设计师的主观意图，又是一种与原有表象既似又不似的新象——意象。尤其是机首部分，为改善不同航速、起落时的航行性能，机首可以转动调节，十分富有新意。

图2-45　"协和"式飞机

形象思维在每个人的思维活动和人类所有实践活动中，均广泛存在，具有其普遍性。许多设计、许多科学的发明创造，往往是从对形象的观察、思维中受到启发而产生的，有时还会取得抽象思维难以取得的成果。

形象思维的主要表现方法有以下4种。

（1）模仿法

模仿创造法是指人们对自然界各种事物、过程、现象等进行模拟、科学类比（相似、相关性）而得到新成果的方法。很多发明创造都建立在对前人或自然界的模仿的基础上，如模仿鸟发明了飞机，模仿鱼发明了潜水艇，模仿蝙蝠发明了雷达等。

人的创造源于模仿。大自然是物质的世界、形状的天地；自然界的无穷信息传递给人类，启发了人的智慧和才能。高楼大厦源于"鸟巢"、"洞穴"等（如模仿贝壳的悉尼歌剧院，如图2-46所示）；飞机的原型是天空的飞鸟……从人造物的最基本功能来看，都源于自然界的原型。超音速飞机高速飞行时，机翼产生有害振动甚至会使其折断。设计师为此绞尽脑汁，最后终于在机翼前缘设置了一个加强装置才有效地解决了问题。令人吃惊的是，早在3亿年前，蜻蜓翅膀的构造就解决了这个难题——在翅膀前缘上有一翅膀较厚的翅痣区。

图2-46　悉尼歌剧院

人们自觉地把生物界作为各种技术思想、设计原理和创造发明的源泉，产生了新兴的科学——仿生学。J.E. 斯蒂尔博士给仿生学定义为："仿生学是模仿生物系统的原理来建造技术系统，或者使人造技术系统具有或类似于生物系统特征的种子"。其研究范围为机械仿生、物理仿生、化学仿生、人体仿生、智能仿生、宇宙仿生等。有的是功能、结构的仿生，有的是形态、色彩的仿生，而其中又有抽象、具象仿生之分，如图2-47、图2-48就是利用仿生设计的小容器与苍鹭台灯。

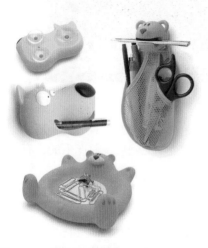

图2-47　利用熊的形态仿生设计的小容器

图2-48　苍鹭台灯

（2）想象法

在脑中抛开某事物的实际情况，而构成深刻反映该事物本质的简单化、理想化的形象。直接想象是现代科学研究中广泛运用的进行思想实验的主要手段。

例如希望点列举法就是想象法的一个具体设计技法。所谓希望点列举法，就是把事物的一切要求——想象成"如果是这样，那就好了"之类的想法一个一个地列举出来，从中寻找可行的希望点，作为技术创造活动的目标。例如，对圆珠笔的希望，可以想象希望成：

·流出的油墨均匀一点；

·能有两种以上的颜色；

·书写时粗细自由；

·在任何地方都能书写；

·不漏油墨；

·不经常换笔芯；

·书写流利，不划破纸张；

·夜间能照明写字；

·既能写字，又能作计算器用；

·兼有录音功能的圆珠笔。

（3）组合法

从两种或两种以上事物或产品中抽取合适的要素重新组合，构成新的事物或新的产品的创造技法。常见的组合技法一般有同物组合、异物组合、主体附加组合、重组组合四种。图2-49所示组合机床设计就是产品开发的一个有效方法。

（4）移植法

将一个领域中的原理、方法、结构、材料、用途等移植到另一个领域中去，从而产生新事物的方法。主要有原理移植、方法移植、功能移植、结构移植等类型。例如将电视技术、光纤技术移植于医疗行业，产生了纤维胃镜、纤维结肠镜、内窥技术等，减少了病人痛苦，提高了诊断水平。激光技术、

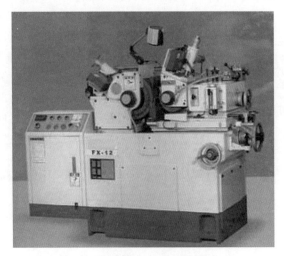

图2-49　组合机床

电火花技术应用于机械加工，产生了激光切割机、电火花加工机床等新设计、新产品。

拉链的设想，是美国发明家W·L·贾德森所提出，并于1905年申请了专利。其"开"、"合"功能，经过一个世纪的发展，几乎渗透到了人类生产、生活的每个角落，成为20世纪重大发明之一。衣、裤、鞋、帽、裙、睡袋、公文包、文具盒、钱包、沙发垫……无处不见拉链。目前又被移植到了医疗、食品工业中。美国外科医生H·史栋，将拉链技术移植于人体胰脏手术后腹部的炎症处理，将他夫人裙子上用的一根7in（18cm）拉链消毒后直接缝合于病人刀口处。医生可随时打开拉链检查腹腔内病情，使病人不必多次开刀、缝合，大大减轻了病人痛苦，康复率提高。从此，开创了"皮肤拉链缝合术"。食品工业中也出现了"拉链式香肠保鲜技术"，延长了保鲜期，便于出售及食用。

3. 直觉思维

直觉思维，是指对一个问题未经逐步分析，仅依据内因的感知迅速地对问题答案作出判断、猜想、设想，或者在对疑难百思不得其解之时，突然对问题有"灵感"和"顿悟"，甚至对未来事物的结果有"预感""预言"等都是直觉思维。直觉思维是一种心理现象，它在创造性思维活动的关键阶段起着极为重要的作用。

直觉是人类一种独特的"智慧视力"，是能动地了解事物对象的思维闪念。直觉思维能根据少量的本质性现象为媒介，直接把握事物的本质与规律，是一种不加论证的判断力，是思想的自由创造。

创造性思维的实质，表现为选择、突破和重新建构。而要作出选择，无疑取决于人们直觉能力的高低。1912年法国气象工作者A.L.魏格纳从地图上发现非洲西海岸与南美洲东海岸的轮廓十分吻合，如图2-50所示。利用直觉思维，一位气象学家创建了地质学的新学说——大陆漂移说。

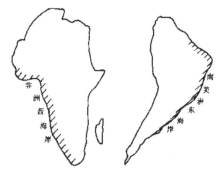

图2-50　非洲、南美洲地形图

伟大的科学家爱因斯坦认为："真正可贵的因素是直觉"。他认为科学创造原理可简沽表达成：经验——直觉——概念——逻辑推理——理论。他说："我相信直觉和灵感"。美国哲学家库恩说："科学的新规律是通过'直觉的闪光'而产生的"。前苏联科学专家凯德洛夫也指出："没有任何一个创造性行为能够脱离直觉活动。"可见直觉的重要性。

当然，直觉思维也可能有其自身的缺点。例如，容易把思路局限于较狭窄的观察范围里，会影响直觉判断的正确、有效性。也可能会将两个本不相及的事纳入虚假的联系之中，个人主观色彩较重。所以，关键在于创新者主体素质的加强和必要的创造心态的确立。而且，还必须有一个实践检验过程，这是重要的科学创造阶段。

4. 灵感思维

灵感是人们借助直觉启示而对问题得到突如其来的领悟或理解的一种思维形式，是一种把隐藏在潜意识中的事物信息，在需要解决某个问题时，其信息就以适当的形式突然表现出来的创造能力。它是创造性思维的最重要的形式之一。有人称灵感是创造学、思维学、心理学皇冠上的一颗明珠，是很有道理的。

科学界已证明，灵感不是玄学而是人脑的功能。在人脑皮层中有对应的功能区域，即由意识部和潜意识部两个对应组织所构成的灵感区。意识部和潜意识部相互间的同步共振活动主导灵感的发生。灵感的产生需要一定的诱发因素，有其客观的发生过程，是偶然性与必然性的统一。

灵感的出现不管在空间上还是在时间上都具有不确定性，但灵感的产生条件却是相对确定的。它的出现有赖于知识长期的积累；有赖于智力水平的提高；有赖于良好的精神状态、和谐的外界环境；有赖于长时间、紧张的思考和专心的探索。

可以把灵感分为来自外界的偶然机遇型与来自内部的积淀意识型两大类，如图2-51所示。

在各类创造性灵感中，由外部偶然的机遇而引发的灵感最为常见、有效。有人说："机遇是发明家的上帝。"是极有道理的。

在工业造型设计中，从自然界和生活事务中得到灵感，产生出许多优秀的设计实例，例如随身听的设计，如图2-52所示，就是利用灵感思维把录音机和人结合在一起，因为在20世纪70年代人们只能坐在家里听音乐。

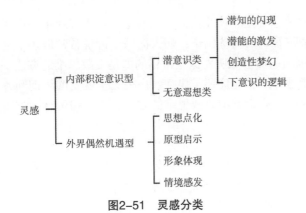

图2-51 灵感分类

图2-52 Sony随身听

5. 发散思维

发散思维又称求异思维或辐射思维。它不受现有知识和传统观念的局限与束缚，是沿着不同方向、多角度、多层次去思考、去探索的思维形式。由此往往能产生新的设想、新的突破和创见。在提出设想的阶段、在方案设计的阶段，更能发挥其重要作用，如图2-53所示为发散思维模式示意图。它是创造性思维的一种主要形式。著名创造学家吉尔福特说："正是在发散思维中，我们看到了创造性思维的最明显的标志。"

发散思维有流畅性、变更性、独特性三个不同层次的特征。

流畅性就是观念的自由发挥，指在尽可能短的时间内生成并表达出尽可能多的思维观念以及较快地适应、消化新的思想观念。机智与流畅性密切相关，流畅性反映的是发散思维的速度和数量特征。

变通性就是克服人们头脑中某种自己设置的僵化的思维框架，按照某一新的方向来思索问题的过程；变通性需要借助横向类比、跨域转化、触类旁通，使发散思维沿着不同的方面和方向扩散，表现出极其丰富的多样性和多面性。

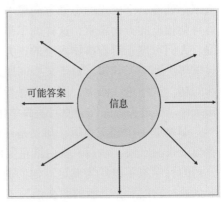

图2-53 发散思维模式示意图

独特性指人们在发散思维中做出不同寻常的异于他人的新奇反应的能力，独特性是发散思维的最高目标。

发散性思维是工业造型设计中最常用、最重要的思维。例如，在工业造型设计中，学生根据设计主题设计出58个方案，但方案思路只有7种，其中3个方案具有创新性。这里58个设计方案反映了学生思维的流畅性，7种设计思路反映了思维的变更性，3个创新性方案反映了思维的独特性。

6. 收敛思维

收敛思维亦称集中思维、求同思维或定向思维，是以某一思考对象为中心，从不同角度、不同方面将思路指向该对象，以寻找解决问题的最佳答案的思维形式。在设想的实现阶段，这种思维形式常占主导地位。收敛思维模式示意图如图2-54所示。

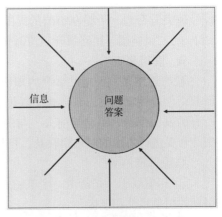

图2-54 收敛思维模式示意图

在创造性思维过程中，发散与收敛思维是相反相成的。只有把二者很好地结合使用，才能获得创造性成果。举一个病人去医院看病的简单例子：病人向医生诉说常常低热不退。这仅仅是一个"症状"。究竟是什么原因引起此症状呢？医生常用的即是发散思维的方法——可能是体内炎症？可能是肺结核？可能是神经官能症还是癌症？……医生就要继续询问各种病症，并作必要的检查、化验。待病因确诊后，就用收敛思维的方法，用一切可行的方案集中力量将病治好。

7. 分合思维

分合思维是一种把思考对象在思想中加以分解或合并，以产生新思路、新方案的思维方式。从面块和汤料的分离，发明了方便面；将衣袖与衣身分解，设计了背心、马甲；把计算机与机床合并，设计了数控机床……这些都是运用分合思维的实例。

8. 逆向思维

逆向思维也叫求异思维，它是对司空见惯的似乎已成定论的事物或观点反过来思考的一种思维方式。敢于"反其道而行之"，让思维向对立面的方向发展，从问题的相反面深入地进行探索，树立新思想，创立新形象，如图2-55所示为利用逆向思维设计的玩具。大家都朝着一个固定的思维方向思考问题时，而你却独自朝相反的方向思索，这样的思维方式就叫逆向思维。人们习惯于沿着事物发展的正方向去思考问题并寻求解决办法。其实，对于某些问题，尤其是一些特殊问题，从结论往回推，倒过来思考，从求解回到已知条件，反过去想或许会使问题简单化。

图2-55 利用逆向思维设计的玩具

日本是一个经济强国，却又是一个资源贫乏国，因此他们十分崇尚节俭。当复印机大量吞噬纸张的时候，他们一张白纸正反两面都利用起来，一张顶两张，节约了一半。日本理光公司的科学家不以此为满足，他们通过逆向思维，发明了一种"反复印机"，已经复印过的纸张通过它以后，上面的图文消失了。重新还原成一张白纸。这样一来，一张白纸可以重复使用许多次，不仅创造了财富，节约了资源，而且使人们树立起新的价值观：节俭固然重要，创新更为可贵。

在日常生活中，有许多通过逆向思维取得成功的例子。某时装店的经理不小心将一条高档呢裙烧了一个洞，其身价一落千丈。如果用织补法补救，也只是蒙混过关，欺骗顾客。这位经理突发奇想，干脆在小洞的周围又挖了许多小洞，并精于修饰，将其命名为"凤尾裙"。一下子，"凤尾裙"销路顿开，该时装商店也出了名，逆向思维带来了可观的经济效益。

9. 联想思维

联想思维是一种把已掌握的知识与某种思维对象联系起来，从其相关性中得到启发，从而获得创造性设想的思维形式。联想越多、越丰富，则获得创造性突破的可能性越大。因为，所有的发明创造，不会与前人、与历史、与已有知识截然割裂，而是有联系的。问题是能否把此与要进行思维的对象相联系、相类比。

联想思维包括：

① 相似联想 是指由一个事物外部构造、形状或某种状态与另一种事物的类同、近似而引发的想象延伸和连接。

② 相关联想 是指联想物和触发物之间存在一种或多种相同而又具有极为明显属性的联

想。例如看到鸟想到飞机。

③ 对比联想　指联想物和触发物之间具有相反性质的联想。例如看到白色想到黑色。

④ 因果联想　源于人们对事物发展变化结果的经验性判断和想象，触发物和联想物之间存在一定因果关系。如看到蚕蛹就想到飞蛾，看到鸡蛋就想到小鸡。

⑤ 接近联想　指联想物和触发物之间存在很大关联或关系极为密切的联想。例如看到学生想到教室、实验室及课本等相关事物。

第三章　工业产品造型形态构成

第一节　概　述

形态构成是产品造型设计的基础训练之一，它主要是启发人们的想象力和创造力，培养人们理性判断的直观能力和一定的造型技巧，使设计者对美的形态创造有较深入的艺术修养，对立体形象的直观感有较强的鉴赏能力，从而使得所设计的产品形态变化万千，丰富多彩。

形态，是造型设计中常用的专业术语，是人们从视觉语言的角度研究表达物体形象的一种习惯用语。所谓形态，是指形体内外有机联系的必然结果。态者，态度也。形态者，内心之动形状于外也。在现实世界中，千变万化的物体形象为产品造型设计提供了借鉴研究的广泛基础，也是形态构成取之不尽、用之不竭的宝库。

一、形态的分类

形态分为现实的和抽象的两类。现实的形态分为自然界原有的自然形态和人手加工出来的人为形态；抽象的形态又称概念形态。

现将以上内容表达如下：

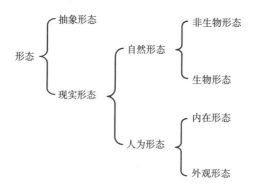

概念形态是概念元素的直观化。概念形态只是形态创造之前在人们意念中的感觉。例如观察立体时，感觉到棱角上有点，任意两点间感觉到有线，一多边形有面的感觉，多边形移动一段距离会感觉到似乎有一立体。这些点、线、面、体都是概念化的，它们的不同组合称之为概念形态。

自然形态是指自然界客观存在，由自然力所促成的形态，如山峰、河流、浪花、彩虹等非生物形态和树木、花草、飞禽、走兽等生物形态。

人为形态是指人类为了某种目的，使用某种材料、应用某种技术加工制造出来的形态，如生活用品、艺术作品、劳动工具以及各类建筑物等。人类就生活在由大量的自然形态和人为形态组成的环境之中。

人为形态中又可分为内在形态和外观形态两种。内在形态主要是通过材料、结构、工艺等技术手段来实现的，它是构成产品外观形态的基础。不同的材料、不同的结构、不同的工艺手段可产生不同的外观形象。外观形态是指直接呈现于人们面前，给人们提供不同感性直观的形象。所以说，内在形态直接影响着产品的外观形态。当然，产品的内在形态和外观形态是相互制约和相互联系的。

二、产品形态的演变

工业产品都是人为形态，即都是为了满足人们的特定需要而创造出来的形态。任何一种工业产品，其物质功能都是通过一定的形式体现出来的。同一功能技术指标的产品，外观形象的优劣往往直接影响着产品的市场竞争力。工业设计研究的主要内容之一就是在满足产品功能技术指标的前提下，如何使产品具有美的形态，使其更具市场竞争力。

一般来说，工业产品的内在形态主要取决于科学技术的发展水平，并通过工程技术手段加以实现。而外观形态则可以认为是一种文化现象，它不仅具有一定的社会制约性，而且与时代的、民族的和地区的特点相联系，也就是人们常说的"风格"。

产品造型的风格来源于作者的精神个性，是设计者精神个性在产品设计中的创造性的物化形态，它是通过点、线、面、色彩、肌理等造型设计语言表现的一种形式，并通过材料、结构、工艺加以实现。

从人类社会产生以来，人类所需的各种用具的形态随着生产力的不断发展而不断改变着。在漫长的改变过程中，人类所创造的产品大致可分为以下三种形态。

1. 原始形态

原始形态是指人类初期各种用具的造型。由于当时生产力低下，加上人类对事物认识的肤浅，其用具、产品的造型只是简单地以达到功能目的为依据，毫无装饰成分，如石斧、陶器等。

2. 模仿自然形态

模仿自然形态是人类模仿自然界中具有生命力和生长感的形态而进行重新创造的形态。

应该指出的是，模仿不是简单的机械模仿，而是在不断反复的创造中的再创造，使最终的构成物的形态与原型"神似"，而不只是"形似"。

自然界中有许多形态是由于物质本身为了生存、发展与自然力量相抗衡而形成的。人们从中得到启发，进而模仿、创造出更适合于人类自己的形态。如植物的生长发芽、花朵的含苞开放都表现出旺盛的生命力，给人类带来一片生机，动物的运动所表现出的力量、速度等，人们从中得到美的和实用性的启发，而设计和创造出比自然形态更优美、更适用的人为形态。如根据自然界的动植物形态而设计的现代装饰灯具、家具等生活用品，根据鸟类的翅膀而设计的飞机机翼，根据贝类动物能抵住强大水压的曲面壳体而设计的大跨度建筑屋顶，根据鱼类在水中快速游动的特殊形态而设计的潜艇，根据空气流速特点而设计的现代轿车的车身线型等，无不体现人类思想的结晶。澳大利亚悉尼的水上歌剧院就是典型的模仿自然形态的例子（图3-1）。整个造型像一堆巨大洁白的贝壳，又像扬帆出海的帆船，和海湾的环境相辅相成，已成为悉尼的象征。

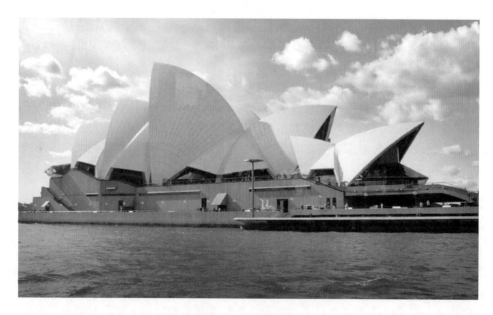

图3-1 悉尼歌剧院

如图3-2、图3-3所示，汉宁森设计的洋蓟吊灯和雅各布森设计的"天鹅"椅都是其中的典范。

图3-2 洋蓟吊灯

图3-3 "天鹅"椅

3. 抽象几何形态

抽象几何形态是在基本几何体，如长方体、棱柱体、球体、圆柱体、圆锥体、圆台体等的基础上进行组合式切割所产生的形体，其形态简洁、明朗、有力，能迅速传达产品的特征和揭示产品的物质功能。

简洁的外形完全适合现代工业生产的快速、批量、保质的特点。基本几何体具有肯定性，因此组成的立体形态，亦具有简洁、准确、肯定的特点。

同时，基本几何体易于辨认，具有一种必然的统一性。因此，组合后的立体形态在整体上易取得统一和协调。再者，几何形态具有含蓄的、难以用语言准确描述的情感与意义，因而能较好地达到内容与形式的统一。

简单的几何形体给人以抽象的确定美，使人得到理智的、并非纯感情的感受，能对人的情感具有一定的启发。具有一定审美意义的几何形体造型能使思维高度发达的现代人产生无穷的联想，如图3-4所示折弯椅。抽象形态包括具有数理逻辑的规整的几何形态和不规整的自由形态。几何形态给人以条理、规整、庄重、调和之感。如图3-5所示的意大利台灯，三个立体几何形式：圆柱、圆锥和半球，让人联想到美国极少主义的雕塑。灯光源被置于灯罩内，从外面看似乎完全隐蔽。在这里，几何被分解、解剖、横切，从纯几何中获得精确的比例。

图3-4　折弯椅

图3-5　意大利台灯

抽象形态是人类形象思维的高度发展而对自然形态中美的形式的归纳、提炼而发展形成的。在人类生活中有很多内容绝非具象的自然形态所能充分表现的，而却能从抽象的形式中进行表现。如各种工业产品的造型就是如此充分地表现出人的各种情感，如均衡与稳定、统一与变化、节奏与韵律、比例与尺度等。

第二节　工业产品形态构成要素

在造型设计中，为使造型物生动、形象，富有美感，必须要认真研究形态构成的基本要素。把一切形态分解到人的肉眼和感觉所能觉察到的形态限度，这就是形态要素。形态构成中最基本的形态要素是：点、线、面、体、空间、色彩、肌理等。

基本形态要素摄取了事物的特征，可以抽象地表达美的感受，更为重要的是基本形态要素的研究超越了具体事物的外形，形成了相对独立于自然形象之外的一种美的形式。用分析、综合、分解、重构、整合的方法，对形态要素进行认识和研究，是产品形态研究的一般方法。

一、点

1. 点的概念

点有概念的点和实际存在的点之分。

概念的点，如形象上的棱角、线的开始和结束、线的相交处。这种几何学上的点，只有位置而没有形状和大小。

实际存在的点，是指造型设计中的点，不仅有大小、形状，而且有独立的造型美和多点组合构成美的形态价值。

实际存在的点，是指视觉上的细小的形象。所谓细小的形象，是相对而言的，不是形象本身所规定的，它是以比较对照的手法予以确定的。如在同一画面上，与大的形象相比较，感觉甚小的形象就为点的形象，如图3-6所示，或者在空间的对比中它不超越视觉单位"点"的感觉。所以，在这里，并没有一定的可度量的尺度，它是感觉中产生的。由于人们的感觉基本上能达到一致，所以观察夜晚的星星、大海中的一舟、天空的飞鸟都能被认为是点。

图3-6　大小对比形成点的感觉

图3-7　点的不同形状

点的基本特征与形关系不大，主要在于大小问题。如图3-7所示，工业产品上的某些操作零件（如旋钮、开关、按键）、指示元件（如指示灯）及文字、商标等，一般情况下，都可视为点。点的大小是相对而言的，同样大小的点在不同的环境中感觉是不一样的，在大的环境中感觉小，在小的环境中感觉大。通常来说，点的形态越小，点的感觉越强，反之，其感觉越弱，以至于产生面的感觉。

2. 点的感知心理

点具有视觉张力，当视觉区域中出现点时，人们的视线就会被吸引集中到这一点上，形成视觉中心，如图3-8（a）所示。如救护车上白色车身上的红十字、汽车前脸的车标等。

若点移动，则人的视线也随之移动。两个一样大小的点并存于同一平面，视线就来回反复于这两点之间，而产生"线"的感觉，如图3-8（b）所示。

如两点有大小之分，则人的视线就从大的点移到小的点，这是由于人的视觉首先感受到强烈的刺激，产生很强的运动感，如图3-8（c）所示。

如果画面上有不在一条直线上的三个点，则会形成三角形的面，如图3-8（d）所示。

如果有多点、又按一定的形来排列，就会有这个图形的感觉，如图3-8（e）所示。

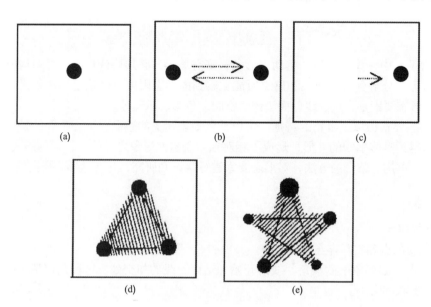

图3-8　点的感知心理

工业产品造型设计

所以点能引导视线，能起到组织作用。当三个点按一条直线排列，那么人的视线就会从一个点到另一个点，最终回到中间点上停止，形成视觉停歇点。这样就产生了稳定的感觉。同理，奇数点都能产生稳定的感觉，因为视线往复运动着，最终仍回到中间点上。因此，在设计时，各种感觉的"点"，宜设计为奇数。但点的数量太多则繁琐，且因视觉很难在短时间捕捉到视觉停歇点，所以"点"的设计，每行最多以七个点为宜。

3. 点的排列形成点的性格

单独的点不具有性格，但点的组合是比较活跃的。点能组织成线，点能组织成形，而各种不同的组织能使人得到不同的感受。

① 单调排列　许多等同形状、等同大小的点均匀排列，其视感是单调而无生趣的。但有时由于画面成分复杂，这种组合可以取得秩序、规整、不散漫的效果，并能显示出严谨、庄重的气氛，如图3-9（a）所示。

② 间隔变异排列　许多等形等量的点作有规律而变异其间隔的排列，则可稍减其沉静呆板之感，并仍能保持其秩序与规整。在实际运用中往往将同作用、同性质的点分段归纳、规整排列，中间留出较明显的间隔，形如音乐中的"休止符"的意义，如图3-9（b）所示。

③ 大小变异排列　成组的点不仅按间隔排列，而且大小产生变异，整幅画面不仅保持了一定的秩序性，而且更显活泼、可爱，如图3-9（c）所示。

④ 紧散调节排列　画面新颖有趣，并能按功能要求做出归纳、布局，既美观、活泼，又突出重点，富有规律，如图3-9（d）所示。

⑤ 图案排列　按功能需要，将点做必要的归纳布局，同时有意识地排成图案纹样或象征性的图形，则能显得更加精致有趣，给人一种独具匠心的美感。如图3-9（e）所示，是在变异排列的基础上，通过形量相间的变化，来获得一种图案美。

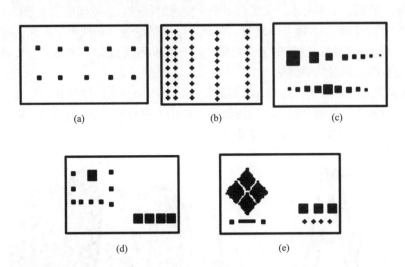

图3-9　点的排列

点的组合排列形式对于仪器、仪表以及机械设备控制台的面板设计有很好的启发作用。

二、线

1. 线的概念

在几何学中，线是点运动的轨迹，它没有宽度。一连串的点也可以造成线的感觉。线是具有长度的一维要素。在造型设计中，线有形状，有粗细，有时还有面积和范围。

线，即形的边缘，这是消极形态的线。在画面上，宽度与长度之比悬殊的称为线，与点一样，它在人的视觉中有一定的基本比例范围，超越了这种基本范围就不足以成为线的感觉，而成为面了。

线是各种形象的基础，在工业产品中，线可体现为面与面的交线、曲面的转向轮廓线以及装饰线、分割线等。

线的整体形状一般可分为直线和曲线两类。

直线包括：水平线、铅垂线、斜线、折线等。

曲线包括：几何曲线和任意曲线。几何曲线具有规范美，工艺性好，是造型中常用的线，如：弧线、抛物线、双曲线、渐开线等。

2. 线的感知心理

直线，能给人以严格、坚硬、明快、正直、力量的感觉，故称为硬线。在造型设计中，表现力量的产品多用直线。曲线柔和、温润、丰满，给人一种轻松、愉快、柔和、优雅的感觉，故称为软线。在造型设计中，表现柔和的产品多用曲线，它既体现了曲线型的风格，也体现了柔的美。

① 水平线　给人以平稳、开阔、寂静的感觉，并有把人的视线导致横向、产生宽阔的视觉效果，但也有平淡之感。

② 铅垂线　给人以高耸、挺拔、雄伟、刚强、崇高的感觉，并有把人的视线向上、向下引申的视觉效果，但也有高傲、孤独之感。

③ 倾斜线　给人以散射、活泼、惊险、突破、动的感觉，并有把人的视线向发散扩张方向引申或集中方向收缩的视觉效果，但也有不安定感。如图3-10所示的可折叠书架，采用倾斜线型的支撑，既满足功能要求，又考虑了上下均衡的特点，显得活泼、生动。

④ 折线　给人以起伏、循环、重复、锋利、运动的感觉。折线富于变化，在造型中适当地运用折线，可取得生动、活泼的艺术效果。有规则的弯折具有节律感，而无规则的弯折虽变化活泼但也有跳动和混乱的感觉。

⑤ 几何曲线　具有渐变、连贯、流畅的特点，且按照一定规律变化与发展。在造型设计中，抛物线、双曲线以及椭圆曲线的应用较多。如图3-11所示的明基西门子概念手机，采用时尚流线造型，灵感来源于蛇，让人过目不忘。

图3-10　可折叠书架

图3-11　明基西门子概念手机

⑥ 任意曲线　具有一种自由、奔放的特点。如图3-12所示的"水滴"茶具，以其自然的水滴造型和流畅的曲线形式被广泛推崇。造型设计中应用较多的任意曲线还有波纹线，具有起伏、轻快、活泼、律动的感觉。

各种线型的运用既要体现时代的气息，又要体现产品自身的风格，还要兼顾产品所处的系统环境和本产品的系列风格。

图3-12　"水滴"茶具

三、面

1. 面的概念

在几何学中，面是线运动的轨迹，是无界限、无厚薄的；而在造型设计中的面却是有界限、有厚薄、有轮廓的。造型设计中的面可分为平面和曲面两种，平面包括：水平面、垂直面、倾斜面；曲面包括：几何曲面和任意曲面。

2. 面的感知心理

面一般是以具体的形来表示的，同一个面如果取形不同，给人的感知心理作用也不同，如图3-13所示。

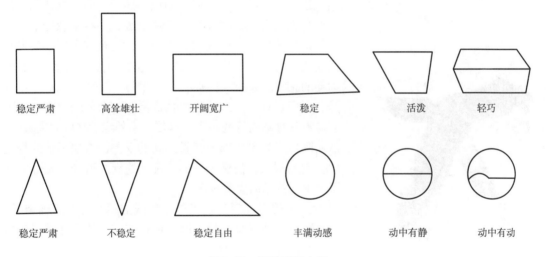

| 稳定严肃 | 高耸雄壮 | 开阔宽广 | 稳定 | 活泼 | 轻巧 |
| 稳定严肃 | 不稳定 | 稳定自由 | 丰满动感 | 动中有静 | 动中有动 |

图3-13　面的感知心理

① 水平面　平静、稳定的感觉，有引导人的视线向远处延伸的视觉效果。

② 铅垂面　庄重、安定、严肃、高耸、挺拔、雄伟、刚强、坚硬的感觉。如横宽竖窄，则引导人的视线作左右横向的视觉扫描；如竖高横窄，则引导人的视线作上下纵向的视觉扫描。在铅垂面中，又分为正平铅垂面和斜向铅垂面，前者显得更庄重、稳定、严肃，后者却稍具活泼变化。但斜向铅垂面使用时，面积不宜过大，且必须与正平铅垂面配合使用，一般以偶数为宜。如纪念碑的设计，高耸的铅垂面显得挺拔、雄伟，给人以庄重、严肃的感觉。

③ 倾斜面　即与水平面倾斜的平面，具有活泼的动感。如向外倾斜，则有轻巧、活泼感，同时又有不规整、不稳定、零乱颠覆的视觉效果；向内倾斜，如直立的棱锥或棱台表面，则有稳定、庄严及呆滞的感觉。如图3-14所示的落地灯，灯罩采用向外倾斜的平面设计，造型简单、朴实无华，构造严谨，透出设计自身内在的轻盈。

图3-14　落地灯

图3-15　扶手椅

图3-16　蝴蝶凳

图3-17　PH吊灯

④ 几何曲面　变化有序、连贯流畅，具有规整流动的感觉。多用于盖、罩、壳类产品的造型设计。在日用小工业品中应用较广。如图3-15所示为芬兰著名设计大师阿尔瓦·阿尔托1928年设计的扶手椅，椅子利用薄而坚硬但又有热弯成型的胶合板及弯木制成，轻巧适用，充分利用了材料的特点，既优美雅致又毫不牺牲其舒适性。

⑤ 任意曲面　自由奔放，统一有变，具有起伏轻快的感觉。多用于盖、罩、壳类产品的造型设计。如图3-16所示的蝴蝶凳是日本设计大师柳宗理设计的，用两块高频弯曲成型的胶合板制作出有独特造型的蝶形凳，高水平地发挥了成型的优点，成为融合设计与技术的典范。

3. 立体与空间

产品的形状无论多么复杂，都可以分解为一些简单的基本几何体，所以基本几何体是形态构成的基本单元。

基本几何体可分为平面立体和曲面立体两类。平面立体的表面是由平面围成，具有轮廓明确、肯定的特点，并给人以刚劲、结实、坚固、明快的感觉。曲面立体的表面是由曲面与曲面、曲面与平面所围成，在视觉感受上，曲面立体的轮廓线不够确切、肯定，常随观察者位置的变化而变化。它给人以圆滑、柔和、饱满、流畅、连贯、渐变、运动的感觉。如图3-17所示的PH吊灯，PH吊灯的灯伞剖面是一条经过计算的螺旋线，从灯泡到灯伞外缘的距离远大于灯泡到灯伞内缘的距离，这使灯伞外缘的亮度大大减弱，从而降低了灯具轮廓与背景之间的反差，增加了眼的舒适度。造型别致，仿佛倒置的睡莲，饱满、流畅，充分体现了艺术与技术的完美统一。

立体的心理感觉是以外轮廓线的感知特性所确定的，同时还以其体量来衡量，厚的体量有庄重结实之感，薄的体量有轻盈、轻巧之感。

空间：是指占据一定空间的实体之围。实体增大则空间缩小，反之亦然。所以研究立体形态的视觉效果不能抛开空间的概念。

空间按其构成方式一般可分为闭合空间、限位空间和过渡空间三类。

① 闭合空间　是指主要空间界面是封闭的形态。例如，在载人车辆的内部和建筑物的室内空间，四面封闭，空间界面的限定性很强，因而空间感也很强。造型设计中对于这种限定空间的比例分割、色彩设计，以及外部空间联系的处理等都是很重要的；否则，易使人产生压抑感。

② 限位空间　是指部分空间界面敞开，对人的视线阻力不强。例如，建筑物的走廊、门廊，机器设备的挡板等。

③ 过渡空间　是指闭合空间、限位空间和外部空间三者之间所配有的一定过渡形式的空间，同时也指封闭空间或限位空间自身大小、方向的一定过渡形式的空间。它与实体形态的过渡方法相似，是处理好空间的协调、统一关系的有效手段。

空间形式具有象征和暗示的意义。巨大的空间给人以敬畏感，适当空间给人以亲切舒适感，而过分低矮、狭小的空间则给人以压抑感。

4. 肌理

由于材料表面的配列、组织构造的不同，使人得到的触觉质感或视觉质感称作肌理。简单地说，肌理指的是物体表面的组织构造或纹理。

触觉质感又称为触觉肌理、二维肌理。它不仅能产生视觉触感，还能通过触觉感受到。如物体表面的凹凸、粗细、软硬等。这种肌理多表现为立体群的构造。其加工的方法也是多种多样的，如用单一的或复合的材料通过编织、拼合、粘贴、雕刻、腐蚀、皱折、烫印、冲压、敲打、切割、穿孔等方法，即可达到不同的视觉效果。

视觉质感又称为视觉肌理、一维肌理。这种肌理只能依靠视觉才能感受到。如木纹、纸面绘制、印刷出来的图案及文字等。在平面造型中，主要运用的是视觉肌理。在立体造型中，则需同时运用视觉肌理和触觉肌理，特别是对于一些大的形态，同时采用视觉肌理和触觉肌理的处理手段，具有较好的艺术效果。

触觉肌理也是一种立体造型。产品的立体造型是单个形态的造型，这种个体形态的创造要求比较严格，需仔细推敲。肌理是无数个小立体的形态群造型，它的艺术效果是靠形态的群体取得，而不主要决定于单个形态的特征。因此肌理的形态造型特征是小、多、密，其个性形态的创造要求尽量简单。

肌理与形态、色彩、光彩有着密切的关系。肌理的效果主要通过形态、色彩及其光影产生的。肌理的形式多种多样。具有规律性的肌理与自由性的肌理给人以不同的心理感受。有特征的肌理，具有较强的艺术感染力，能给人以视觉上的美感和触觉上的快感。因此，它也是设计中的一个重要的构成要素。肌理的个体形态虽然简单，但对表达形态的情感也起着一定的作用。个体形态不同，其造型的艺术效果也不同。

由于肌理可表达一定的情感，因此，在造型中，创造适度的肌理会加强造型物的个性表达。在造型物整体或局部功能元件的不同表面，设计不同的肌理，可使立体感更强。肌理在造型中，不仅起着形体表面的装饰作用，而且还能表现造型的时代感，表现出新的材料与新的工艺，从而丰富了造型物的整体感情。现代的造型设计，不仅重视外形的美观也高度重视表面的处理，特别是对肌理的研究和运用，使造型从材料及加工工艺中获得美感。

第三节　工业产品立体构成基础

将形态要素按照一定的原则组成一个立体的过程，称为立体构成。

立体构成是使用各种较为单纯的材料，进行形态、机能和构造的研究，探求新造型的理论，由于立体构成的目的在于对形态进行科学的解剖，以便重新组合，创造出新形态，提高造型能力。所以，立体构成是工业设计的基础。

对新造型的探求包括对形、色、质等美感（心理效能）的探求和对强度、构造、加工工艺等（物理效能）的探求两个方面。立足于工业造型设计来研究造型，自然应把侧重面放在前面，即从美学法则、直觉、数理逻辑、几何形态等方面追求新的造型。

立体构成是一种实际占据三维空间的构成，而平面构成是在二维平面上表现出有深度感的构成，两者有很大差别。

平面构成的立体是在二维平面上，通过近大远小透视法来体现的立体，是三维的视觉化效果，只能视觉化却无法触觉化。立体构成不仅能视觉化，还可用手直接感触得到，而且从不同角度方向去观察立体，能得到各种不同的形态。

平面构成的形体、空间、方向、位置、重心是一种幻觉表现，而立体构成的形体、空间、方向、位置、重心是一种实实在在的表现。

平面构成点、线、面是从一个方向去表现的，而立体构成的点、线、面、体是从不同方向去表现。

除此以外，平面构成与立体构成所用的材料、用具以及技术均有很大的差别。

一、概述

立体构成作为一门训练造型能力和构成能力的学科，与自然科学学科和艺术学科都有一定的联系，又有很多不同，具有它自身的特点。立体构成与立体造型设计的关系，更说明了立体构成训练在整个造型设计活动中的重要地位。

1. 产品立体构成的特征

立体构成的主要特征表现为构成的分析性、感觉性和综合性。

（1）分析性

绘画和图案的创作活动，其特点是从自然中收集素材，把对象作为一个整体来进行研究，以对象为模型，通过夸张、变形而成为作品。构成则不模仿对象，而是将一个完整的对象分解为很多造型要素，然后按照一定的原则（自然也加入了作者的主观情感），重新组合成为新的设计。构成在研究一个形态的过程中，把它推到原始的起点，分析构成的元素、原因和方法，这就是构成的认识方法与创作方法。

（2）感觉性

构成是理性与感性的结合，是主观与客观的结合。

构成作为一种视觉形象，它必须把形象与人的感情结合在一起，只有把人的感情、心理因素作为造型原则的一个重要组成部分，才能使构成的形态产生艺术的感染力量。构成的抽象形态，虽不反映具象，但它还是具有一定的内容，与现实生活总有一定的联系。这种内容和联系反映出一定的节奏，体现出一定的情绪。

构成的分析性含有较强的理性成分，但要实现最终的构成方案，须依靠感觉性来决定。

（3）综合性

立体构成作为造型设计的基础学科，与材料、工艺等技术问题有密切的联系。不同的材料和加工工艺，能使那些用相同的构成方法创造的形态具有不同的效果。因此，构成必须结合不同的材料、加工工艺，创造具有特定效果的形态。这就体现了构成的综合性。

2. 立体构成的美学原则

与形式美法则不同，立体构成的美学原则不仅要考虑形式美的知觉、心理因素，而且还要考虑到造型物的功能、构造、材料、工艺、技术等一系列的物质基础。因此，立体构成的美学原则，对于造型设计更具有直接的实践意义，它包括：

（1）单纯化

规律性很强的形态所具有的特征称为单纯化。规律性指的是构成形态的要素的大小、方向、位置等。单纯化的形态是指构成要素少，构造简单，形象明确、单纯化的形态。虽然构造简洁，但也可以构成意义深远的形态。单纯化的美学原则，容易理解、记忆和印象深刻是人的生理和心理特征对形态构成提出的要求。如图3-18所示的吊灯，设计师彻底简化了灯本身的结构，在强调垂直和旋转运动的同时，最大程度地减少了必需的元件和材料：钩在天花板上的不锈钢电缆决定了灯的竖直移动，包橡皮的铅锤把它拉直，电缆上双重弯曲的金属管让灯脱离中轴，产生的摩擦使之无需固定件就能固定，橡胶旋转接口连接灯座和金属管，使灯得以旋转。

图3-18 吊灯

（2）秩序

秩序是形态变化中的统一因素，它指的是形态中的部分与形态整体的内在关系。一个简洁的形态是以秩序为前提的。在此意义上，造型就是将各具特性的形态要素予以新的秩序，使之体现为一个总的规律和特征的活动，而秩序是通过对称、均衡、节奏、比例等形式表现出来的。如图3-19所示的红蓝椅，是荷兰风格派艺术最著名的代表作品之一，是由家具设计师里特维尔德设计而成的。这把椅子整体都是木结构。13根木条互相垂直，组成椅子的空间结构，各结构间用螺丝紧固而非传统的榫接方式，以防有损于结构。里特维尔德通过使用单纯明亮的色彩来强化结构，这样就产生了红色的靠背和蓝色的坐垫。完美的比例形式，成就了空间上的美感。

由于现代生活的繁华、紧张，精神上难免有烦乱之感，因此对于各种形式，要求秩序和条理、整洁、明朗、清秀来平衡心理。秩序是人的本能的渴望。

图3-19 红蓝椅

（3）意境

作为主体构成的一项美学原则，意境是造型学术上所追求的一种美好理想，也是人们对形态外观认识的心理要求和长期生活积累的综合结果。抽象的形态，也同样具有感情效果，因为人们在感受形式美时，往往产生理想化的联想。

使形态达到理想意境的具体方法有移情法和夸张法。移情法是设计者将自己的感情注入形态，使其与造型物具有的功能相一致。夸张法是对造型物进行典型性格夸张，创造出形态的动感。如图3-20所示的CD机，CD机用来播放音乐，舒缓人的情绪，造型上采用柔和的线、面形态更容易使人把它与音乐的润滑、流畅联系在一起，让人一看就有想触动的感觉。

图3-20 CD机

（4）稳定

形态的稳定概念，包括实际稳定和视觉稳定。实际稳定是从造型物的物质功能和使用功能出发，对设计提出的要求，也是造型物必备的物理性质。视觉稳定是根据人的心理感受和视觉习惯来追求的稳定。

取得视觉上的稳定，除重心处理的因素外，还需注意排列中的视点停歇与平面和立体面的主从处理等。如偶数点就不会产生像奇数点那样的视点稳定，但偶数点可通过分组或加强重点来增加稳定。另外，视觉习惯也影响稳定，如上轻下重、上小下大、左轻右重等。但这并不是绝对的。有时形态打破了视觉习惯稳定，有可能创造出动势和轻巧的感觉，但无论哪种表现形式的前提是造型物必须具有实际稳定性。如图3-21所示的书架，中间的斜向支撑在造型上取得了视觉上的稳定，在功能上也起到了紧固的作用。

3. 产品立体造型的设计过程

产品立体造型从构思到完成的过程是，先在构思中就要考虑到其造型采用哪种方法、什么方式才能创造出很美的形态，对这种具体形态的发展需作充分的探讨；同时还要考虑它能用哪种材料制作、造型过程中需要解决的条件等。

立体造型需下述四个过程。

（1）需求过程

需求是设计过程的第一步，若不明确，则不可能圆满完成设计立体造型。只有对其需求过程理解深刻，方能判断有效。比如，设计一把椅子和设计一把折叠椅，或设计一把携带方便轻巧的折叠椅，它们的造型是不一样的。需求越明确，对造型的判断考虑就越合理。

需求过程实质就是定位，定位越是具体越容易把握它的设计切入点。

（2）造型过程

造型的过程包括设计过程和实际制作过程，即通过产品造型的设计构思（草图、效果图），逐步将产品造型具体化、明确化。当

图3-21　书架

然，仅仅用平面表达的方式去构思设计会出现许多细部尚不明确之处，只有通过亲自动手制作的方式，发现问题及设计不足之处，并逐一解决，才能更好地完善预想的设计效果。这便是造型的全部过程。

（3）材料过程

材料是任何立体造型都要考虑的因素之一，在设计中设计师必须熟悉和掌握各种材料的特性及使用方法，通过实地调查了解材料的性能，正确应用于造型过程。

材料的分类按材质分类，有木材、石材、金属材、塑料材、布等；按有形材料和无形材料分类，有形材料有石块、金属条、木板、塑料管材等，无形材料有砂、水泥、石膏粉、泥土等；按不同的物理性能分类，材料可分为弹性材料（如金属、塑料、橡皮等）、塑性材料（如黏土等）、黏性材料（如胶水等）。

从立体构成学习需要及便于掌握的角度出发，一般可按照形态分为线材、板材、块材。线材，包括丝线、毛线、尼龙线、棉线、纸带、细木条、细铁丝、铜丝、火柴棒绳等；板材，包括纸、木板、玻璃板、塑料板、金属板等；块材：包括石块、木块、金属块、泡沫块、塑料块等。

从分类中不难看出形态与材料有着密切的关联。

（4）技术过程

怎样使材料形态化，自然包括技术等方面的实际问题，这便是技术过程。

造型的形态常受材料与技术工具的影响，同时，技术工具、材料也制约着形态的创造。比如，同样的雕塑，用黏土塑造的方法、技术及形态的感受，与采用大理石雕刻的技术方法及形态给人的感受是大不相同的。前者由于泥土无形材料的限制，必须采用添加法去完成；后者由于是石材限制，必须采用削减法才能进行造型。

工业产品造型设计

再比如椅子的设计，采用的材料不同，它的技术工艺、造型也不一样。如图3-22所示，钢管椅和一次成形的塑料椅，由于材料的性能不同，加工工艺迥异，所以形成的造型自然也不一样。

图3-22　钢管椅（左）和郁金香椅（右）

加工手段不一样，所产生的造型形态自然也不同。

立体造型就是解决上述过程所提出的种种问题，假使设计出的形态能满足需求过程，能合理选用材料、活用材料的特性、采用恰当的技术工艺和方法，并赋予造型，就能成为优秀的立体造型作品。

二、产品立体构成的方法

形态立体构成是指制造实际占据三维空间的立体，是从任何角度都可以触及并感受到的实体，它与在二维平面上表现的视觉立体感是完全不同的。一个美好的形态，要经得起任何视点的变动的检验，因此，形态的构成必须注意整体效果，而不能满足特定距离、特定角度、特定环境条件下所呈现的单一形状。

1. 组合法

将多种单一形体拼合在一起构成一个新的立体形态的过程称作组合构成。组合是最普遍的造型方式，凡具有从零件装配成成品这种生产过程的产品，在造型上一般都离不开组合的方法。组合法有多种形式，如图3-23所示。

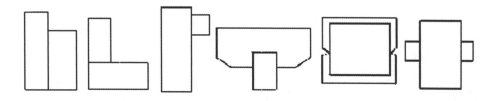

图3-23　产品立体组合形式

① 并列　单纯的表面接触结合，没有互为依存的进一步联系。

② 堆叠　形体按垂直方向，一个置于另一个之上，具有承受的性质。

③ 附加　比例悬殊的主从形体，具有明确的从体依附于主体的性质。

④ 嵌入　一个形体的一部分嵌入另一个形体的内部，具有交叉的性质。

⑤ 覆盖　一个折转的面立体或线立体笼罩或围束在另一个形体的外层，具有约束的性质。

⑥ 贯穿　一个形体从另一个形体的内部穿越而过，具有穿透的性质。

上述所列构成形式都是相对的，在一件构成物上需要综合运用，在实际造型中需要灵活掌握。值得指出的是，造型上的形体组合与零件在机械装配中真实的组合关系之间，存在着较大的差别。如贯穿，在机械结构上是真实的轴从有孔的形体中穿过，而在造型上只需要在一个形体的两端，表示出位置和形状可以连续而产生一体感的形体即可。所谓"贯穿"只是一种来自视觉感受的假设，而且根本不一定要真实的两个形体，可按组合的结果用注塑的一个形体来表达，也可用三个形体胶合而成。造型上的各种空间关系，包括组合与切割都是一种想象、假设的关系。

在形态构成活动中，构成技能和技巧的掌握是以大量的构成实践为基础的。如图3-24所示，同是三个立方体，通过不同的组合，能给人以不同的视觉效果。

如图3-25所示为摇臂钻床的原始几何模型。可以看出，立柱贯穿在摇臂中，主轴箱贯穿在摇臂上，主轴贯穿在主轴箱中。这种贯穿式结构很好地满足了摇臂沿立柱上下滑动并绕其转动、主轴箱沿摇臂滑动、主轴在主轴箱中上下伸缩移动的各种运动要求，并使结构紧凑。

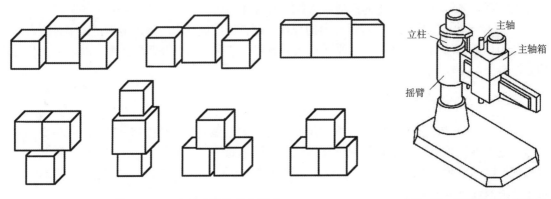

图3-24　三个立方体的组合形式　　　　　　图3-25　摇臂钻床构型设计

2. 切割法

切割法构型的思路是在一个基本几何体上挖去或截切掉一部分而形成新的形体。在挖切过程中会出现层次的变化、棱角的突出或削弱以及相贯线和截交线的产生。这些都可以使形体在形象上产生变化，且满足功能上的要求。

切割构成与组合构成是相对而言的。用分解组合的观点看问题，任何物体都可以通过基本构成要素组合而成。同样，任何物体也都能以某一基本形体为基础，通过切割而获得。为了陈述的方便，把构成物比较明显地表现出某一基本形体特征的形体称为切割构成体。如图3-26所示，是在一横放的四棱柱上挖去一个三棱柱、一个四棱柱和一个圆柱体构成的。

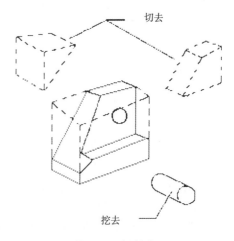

图3-26　切割法

3. 多面体的构成

多面体是指物体表面有多个相同或不同的几何平面所构成的立体。在多面体中，最为常见的是柏拉图多面体和阿基米德多面体。

① 柏拉图多面体　若多面体各表面是等边等

角，形状大小相同，表面接合毫无间隙，边缘与棱角都是重复而向外突出，则被称为柏拉图多面体。符合这种标准的多面体有正四面体、正六面体、正八面体、正十二面体、正二十面体五种，如图3-27所示。

② 阿基米德多面体　若多面体表面是两种或两种以上基本形面（正方形、正三角形和正多边形）的重复，则该多面体称为阿基米德多面体。主要有正十四面体、正十六面体等，图3-28是常见的四种。

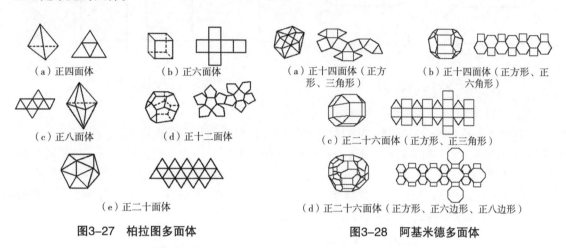

（a）正四面体　（b）正六面体	（a）正十四面体（正方形、三角形）　（b）正十四面体（正方形、正六角形）
（c）正八面体　（d）正十二面体	（c）正二十六面体（正方形、正三角形）
（e）正二十面体	（d）正二十六面体（正方形、正六边形、正八边形）

图3-27　柏拉图多面体　　　　　　图3-28　阿基米德多面体

第四节　工业产品造型的视错觉

一、视错觉概念

错觉是心理学上的一种重要现象，是指人们对于外界事物的不正确的、错误的感觉或知觉。错觉一般可分为视觉错觉、听觉错觉、触觉错觉、味觉错觉等。在产品造型设计中侧重于视觉错觉的研究。

视错觉是指视感觉与客观存在不一致的现象，简称错视。人们观察物体时，由于物体受到形、光、色的干扰，加上人们的生理、心理原因而误认物象，会产生与实际不符的判断性的视觉误差。例如，筷子放进有水的碗里，由于光线折射，看起来筷子是折的；体胖者穿横条衣服显得更胖，体瘦者穿竖条衣服显得更瘦等，这些都是与实际不符的视错觉现象。视错觉是客观存在的一种现象，在造型设计中，要获得完美的造型，就需要从错视现象中研究错视规律，从而达到合理地利用错视和矫正错视，保证预期造型效果的实现。

视错觉一般可分为形的错觉和色的错觉两大类。形的错觉主要有长短、大小、远近、高低、残像、幻觉、分割、对比等。色的错觉主要有光渗、距离、温度、重量等。

二、视错觉现象

1. 长度错觉

长度错觉是指等长的线段在两端附加物的作用下，产生与实际长度不符的错视现象。如图3-29（a）所示，当附加物向外时，感觉偏长；向内时，感觉偏短。这是因为眼睛被附加物强制向其延伸方向扫描运动的结果。当两线段不对齐时，这种效果更加明显，如图3-29（b）所示。

图3-30（a）为长度相等、互相垂直的两直线，但看起来垂直线比水平线长。其原因是眼球作上下运动较迟钝，而作左右运动比上下运动容易，由于它们所需的时间和运动量不相等，所以产生这种误差。为了取得等长的视觉效果，可将垂直线缩短，使垂直线与水平线长度之比为14：15，如图3-30（b）所示。

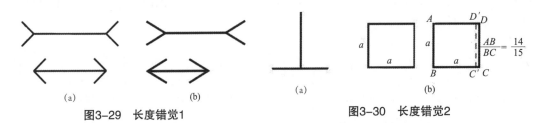

图3-29　长度错觉1　　　　　　　　图3-30　长度错觉2

2. 分割错觉

分割错觉是指图形受分割线分割后而产生的与实际大小不等的错视现象。图3-31（a）中两个形状相同、大小相等的长方形，由于中间水平线和竖线所产生的惯性诱导，被横线分割的显得略宽，被竖线分割的显得略高。但这种分割线超过四条以上，则有可能诱导视线向分割相反方向延伸，渐渐地产生加宽感和加高感的错觉。如图3-31（b）所示，如两个大小相同的正方形，看起来好像画横线的显得高些，画竖线的显得宽些。

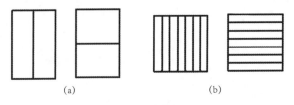

图3-31　分割错觉

分割错觉产生的原因，是分割线有引导视线沿分割方向作敏捷快速移动的结果。一般来说，间格分割越多，加高或加宽感就越强。

3. 对比错觉

对比错觉是指同样大小的物体或图形，在不同环境中，因对比关系不同而产生的错觉。图3-32（a）、（b）中同样大小的圆因对比关系不同，左边的显得大，右边的显得小；图3-32（c）中五条垂直线段是等长的，但由于各线段所对的角度不同，则感觉自然不同；图3-32（d）中左、右两圆弧因分隔刻度线在圆内、圆外，而显得左边的圆弧小，右边的圆弧大。

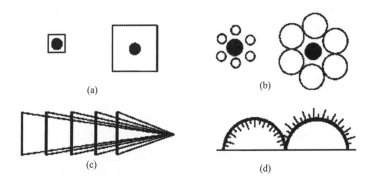

图3-32　对比错觉

4. 透视错觉

透视错觉是指人们观察物体时，在透视规律的作用下，由于人们所处观察点位置的高低、远近的不同而产生的错觉现象。如图3-33（a）所示，改变观察点观察该五等分物体，由于透视变形关系，则有下大上小之感；如图3-33（b）所示，两个人等高，但距视点近的人显得高，距视点远的人显得矮。

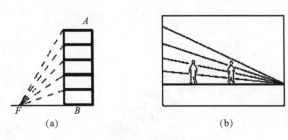

图3-33　透视错觉

5. 变形错觉

变形错觉（也称干扰错觉）是指线段或图形受其他因素干扰而产生的视错觉现象。图3-34（a）中一斜线被两平行线隔断，看起来好像有错开的感觉，c线好像是a的延长线；图3-34（b）是一组45°倾角的平行线，因受其他线段干扰，看起来不平行的感觉很明显；图3-34（c）、（d）因受射线干扰，平行线发生弯曲，其弯曲方向倾向于射线发射方向。图3-34（e）内部的小圆由于受射线的影响，变得不圆了。

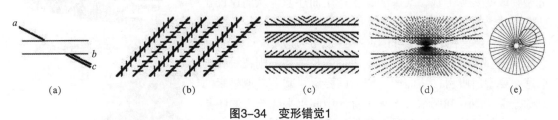

图3-34　变形错觉1

图3-35（a）的直线，因受弧线干扰，直线显得不直，其弯曲方向与干扰的弧线方向相反；图3-35（b）的正方形受折线干扰发生变形，看起来像梯形。

图3-35　变形错觉2

6. 光渗错觉

白色（或浅色）的形体在黑色或暗色背景的衬托下，具有较强的反射光亮，呈扩张性的渗出，这种现象叫光渗。由光渗作用和视觉的生理特点而产生的错觉叫光渗错觉。图3-36所示左右两等大正方形中有两个相等的圆，但由于光渗错觉看起来白色的圆显得大，黑色的圆显得小。

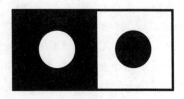

图3-36　光渗错觉

7．翻转错觉

眼睛注视位置不同，可得出虚实的翻转变化。图3-37（a）中，观察A面，右边为一实体棱柱，观察B面，则左边为一实体棱柱；图3-37（b）也为翻转图形，若看A面在前时，则是一个正阶梯，若视B面在前时，则成为一个倒挂阶梯；图3-37（c）也是一个翻转图形，若视G点为凹进时（各立方体上顶面为黑色），则为六个立方块，若看G点为凸出时（各立方体下底面为黑色），则为七个立方块。

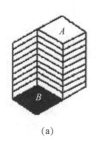 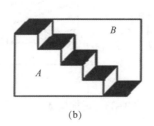 

(a)　　　　　　　　(b)　　　　　　　　(c)

图3-37　翻转错觉

三、视错觉的利用与矫正

利用视错觉就是将错就错，借错视规律来加强造型效果。矫正视错觉就是事先预计到错觉的产生，借错视规律使造型物改变实际形状，结果受错视作用而还原，从而保证预期造型效果的实现。

1．分割错视的利用与矫正

在造型要素中，哪一要素给人的印象强烈，则视线就会被这一要素所吸引，从而产生增强该要素、减弱其他要素的视觉效果。图3-38所示大客车车身的中间水平线给人的印象强烈，降低了箱型车身在视觉上的高度感，从而产生横向的稳定感和速度感。

图3-38　分割错觉的应用

2．对比错视的利用与矫正

对显示器进行分析，如图3-39所示为一体电脑显示屏，边框较宽，在视觉效果上缩小了显示器，整体轻巧感差；如图3-40所示的电脑显示器，边框较窄，使显示器面积有增大的视觉效果。

图3-39　一体电脑显示屏

3．变形错觉的利用与矫正

如图3-39所示的显示器，显示屏是四边外凸的矩形，如果机壳四边成直线，由于变形错觉的作用，会使机壳产生塌陷现象，为了矫正这种变形错觉，机壳设计成外凸曲线。

在汽车的造型设计中，如果把腰线和车身侧壁亮条都处理成直线，那么由于前后窗及窗棂的延长线对腰线及车身侧壁亮条的干扰，会发现腰线和亮条下凹，整个车身欠丰满，线型缺乏弹性，为克服这个视觉缺陷，把腰线和亮条作向上隆起的处理，造型则显得丰满有力。

图3-40　某品牌电脑显示器

4. 光渗错觉的利用与矫正

正由于光渗错觉而产生的面积不等现象，若需在视觉感受上达到两面积相等，则必须将浅色的做小些，或深色的做大些，才能达到等大的视觉效果。如图3-41所示，法国国旗上红∶白∶蓝三色的比例为35∶33∶37，而我们却感觉三种颜色面积相等。这是因为白色给人以扩张的感觉，而蓝色和红色则有收缩的感觉。

图3-41　法国国旗

5. 透视错觉的利用与矫正

造型中，如果对造型物的体量尺度感有等长、等大的要求，设计时应充分估计到造型物在使用环境中，对其观察点产生的透视变形，并予以矫正、调整。如在高大的设备上竖直标明厂标，由于人在观察这些字时，会产生透视错觉，感到字的高度尺寸越上面的字显得越短。因而在设计这些字时，应当自下而上将各个字的尺寸逐渐加大一些，以矫正透视错觉。

在客观现实中，错觉现象很多。在产品的造型设计中，应注意利用和矫正各种错觉现象，以符合人们的视觉习惯，取得良好的造型效果。

第五节　工业产品造型的语意认知

语意（Semantic）的原意是语言的意义，而语意学（Semantics）则为研究语言意义的学科。设计界将研究语言的构想运用到产品设计上，因而有了"产品语意学"（Product Semantics）这一术语的产生。其理论架构始于1950年德国乌尔姆造型大学的"符号运用研究"，更远可追溯至芝加哥新包豪斯学校的查理斯·莫里斯（Charles Morris）的记号论。

这一概念于1983年由美国的克里彭多夫、德国的布特教授明确提出，并在1984年美国克兰布鲁克艺术学院由美国工业设计师协会（IDSA）所举办的"产品语义学研讨会"中予以定义：产品语义学乃是研究人造物的形态在使用情境中的象征特性，以及如何应用在工业设计上的学问。它突破了传统设计理论将人的因素都归入人机工程学的简单作法，拓宽了人机工程学的范畴；突破了传统人机工程学仅对人物理及生理机能的考虑，将设计因素深入至人的心理、精神因素。随着社会发展与进步、物质的极大丰富、消费层次进一步细化，人们对产品的精神功能需求不断提高，产品造型除表达其功能性目的以外，还要透过其语义特征来传达产品的文化内涵，体现特定社会的时代感和价值取向。

一、产品语意兴起的背景

产品语意学突出的设计思想，之所以能在产品设计方面形成具体的设计潮流，并不是偶然的，它是在生产技术、消费阶层、环境与文化等方面不断发展的基础上兴起的。

1. 生产技术的高速发展

第二次世界大战期间，欧洲经济受到沉重打击，工业设计几乎停顿。美国通过马歇尔计划等方式扶植欧洲，使欧洲在20世纪50年代开始慢慢恢复了战前的活力，到60年代进入战后发展的全盛时期。第三次技术革命、"计算机时代"的到来，新材料、新能源、新技术的出现，极大地改变了传统工业的面貌，工作效率得到了空前提高（图3-42）。同时，核电、超导、高分子合成、生物工程、人工气候、海水淡化、宇宙穿梭飞行……机械时代向电子时代转变，电子技术使产品造型趋向小型化、薄型化、盒状化、扁平化、同质化方向发展（图3-43）。大量采用新一代大规模集成电路晶片的电子产品涌现。工业产品原有的形态与功能的联系受到削弱，电子产品的形态不像机械产品那样能明确表达结构和功能，出现了"黑箱化"和"均一化"现象。

图3-42　收音机

图3-43　电子时代产品简洁化

当今先进的技术手段使当代设计师可以轻松地把即兴发挥创造出来的产品付诸于机器化的批量生产，而原来的大批量生产也转变为多品种小批量生产。技术的发展使各企业生产的产品在功能、性能上差距大大缩小，利用外观上的差异进行市场竞争成为重要的手段。同时也使现代主义设计的另一信条——产品的形式结构尽可能如实、清晰地反映功能变得毫无意义。

2. 消费阶层的中兴

第二次世界大战后人类经过几十年的复兴，欧洲各国都取得了相对的繁荣。从收入额分析，一个被称为"中产阶级（包括蓝领与白领阶层成员、知识分之、部分小企业主、农业工人等）"的新社会阶层日益扩大，成为西方社会消费者的中坚力量，他们的消费意向在很大程度上决定了工业设计的方向。这批人对自己的起居环境、生活水平、消费习惯等有了全新的要求和态度，与战前相比几乎全然不同。战时受到沉重打击与摧残的制造业与零售业到20世纪50年代中期基本得到了恢复和发展，西方经济学者称这时的西方社会已进入了真正的消费时代。另外，战后时期出生的"战后婴儿"到60年代中后期已开始成为青年，他们从数量上改变了消费者的结构，成为数量最大的消费阶层，他们追求变化与新鲜，讲究实用，渴望有文化意味、艺术情趣的后工业产品（图3-44）。

图3-44　注重识别使用

"用完即抛"的消费主义成为西方消费的主要方式与行为，因而随着经济发展增长起来的财富并没有转变成银行存款，而是越来越多地被用于购买新奇有趣的产品，特别是经过20世纪60年代这个所谓"塑料时代"的发展，各种塑料（如聚乙烯、聚氯乙烯、聚丙烯等）开始被广泛地使用在各种不同的工业产品上。产品的制作成本更为低廉，极大地刺激了消费者的购买欲，从前的奢侈品在这时变成了用过即抛的东西（图3-45）。这一消费趋向意味着消费者或者说市场对产品的期望与此前（特别是第二次世界大战后初期）相比发生了根本性的改变，

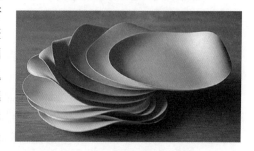

图3-45　一次性纸质餐具设计

图3-46　Joe沙发

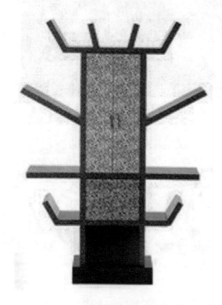

图3-47　CASABLANCAJ家具

而工业产品的功能、结构因此也产生了根本的改变。

3．环境危机与造型失落

20世纪60年代中期史无前例的高技术、高消费，"用完即抛"的消费主义观念使有些地方大量流行所谓的"一次性产品"，包装和结构被大量浪费，这些物质泛滥的社会结果引发了环境公害。而此时化学工业的迅速发展，出现了许多新型的高分子聚合材料，"塑料时代"所带来的垃圾和污染，造成自然和生命的危机。人们被迫面对"人类这种生命体也是自然的一部分"的事实，促使人类考虑许多新课题，如：生态学上人与自然的共生、石化资源有限之下再循环、第三世界的环境保护等。当电子系统网络渗透到人类生活空间以及每一角落的资讯社会迅速发展，办公自动化、工厂自动化、家庭自动化或高度情报通信系统、长距离通信及计算机革命的渗透，以及前工业化时代人们欣赏工业产品和机械产品的审美特征，带来了冷漠的工业环境，人们在充斥着机器仪表的环境里工作，回到家又面对充满按钮、仪表的家用电器，导致了人机界面的新问题。这时，产品的"环境机能"与"对话机能"开始受到人们的重视，人们不仅要满足物理性、生理性的使用价值，而且要进一步满足心理性、社会性、文化性与环境方面的象征价值（图3-46）。

现代文明生活方式的改变、生活节奏的加快、生活形态的空前改变，带来了人们相互间交流的日益淡漠。人们渴望在日常生活中接触产品时能填补现代文明所带来的心理上的孤寂和落寞，促使在工业设计的精神功能方面包括美学功能、象征功能、教育功能等诸多功能因素的需求日益增强，要求产品差别化、多样化、个性化，满足心理性的要求，由此出现了追求象征价值的"符号消费"现象（图3-47）。而这种情感和人性平衡的实现，作为与人类生活息息相关的设计是责无旁贷的。

4．设计文化的探求

在现代主义设计的发展过程中，几门新兴学科得到了前所未有的重视和发展，如人机工程学、材料力学、设计生态学、环境心理学、市场学、销售学等。作为新兴学科，可供人们探索的领域自然是相当广阔的，但是作为一门有限科学，它的规律性也很快被人们所掌握，工业设计在功能、结构方面的一系列法则、规则和学问，已经基本上为人们所熟知，理性的合理要求几乎被设计家们发掘和利用殆尽，迫使人们在设计上寻找新的语言。而产品设计的方法、程序、市场研究、计划等日趋完善，并且都变成标准化的程式，世界各国在设计风格上日趋一致，这样，产品设计就自然产生了相似倾向。设计上的雷同，风格烦闷而缺乏个性，因此设计文化的确认再次引起讨论和国际性的关注。随着现代主义设计越过大西洋在美国登陆，从而形成了轰轰烈烈的后现代主义，"功能第一"、"结构第一"的设计观念造成几何化风格在全世界迅速流行，产品设计趋于单调、简单、冷漠、严谨而缺乏人情味（图3-48），原来变化多端、多种多样的各国设计风格被单一的国际现代主义风格取而代之，各民族的设计文化和审美特点、地区性的个性风格遭到了粗暴的抛弃和轻视，使用者的心理需求被漠视。

作为纯技术状态的工业力量的发展可以是无国界的，然而工业力量一旦结合意识形态，便不再可能"国际一律"。因为人们不能忍受没有精神内涵的生活，而精神特征总是和具体的文化历史传统相关联的。人们开始迫切希望传统文化与技术文化能够共生互补、正视传统文化与技术文化的同等地位，并从"生命造型的意义"寻求文化重建的典型（图3-49）。

图3-48　后现代主义单调、简单的设计

图3-49　中国风格的灯具设计

在上述几方面的不断日新月异的发展，产品形态设计不仅要求设计师对人的物理与生理机能进行考虑，更应深入至人的心理、精神因素，要求寻求心理、社会、环境、文化的脉络，赋予象征的特性，产品语意学的兴起也就顺理成章了。

二、产品造型设计语意学的特征

产品作为一种沟通的媒介和生活的道具，同样可以表达许多不同形式的语意。我们可以将产品造型设计语意学的特征分为：功能性、象征性、趣味性和关怀性。

1. 功能性语意

功能性语意，是指示产品机能属性及其功用的语意。产品不但要"可用"，而且要"适用"，并具备如下的语意特征：即指示产品的功能及其使用方式。

功能性语意强调实用性，但它不是单纯形式上的简化，而是要通过形态语言的自我说明来实现这一目的（图3-50）。在设计中，通过对使用者的认知行为和习惯性反应，而不仅仅是机器的内部结构来确定产品的造型。形态、肌理、材料、色彩等都可以成为功能性语意的传播介质（图3-51）。

图3-50　笔记本电脑设计

图3-51　根据人的特征及其习惯设计的便携式电子产品

产品功能性语意的合理表达离不开对人生理和心理特征的深入研究，这就要求在设计中，采用符合人使用习惯及视觉思维的造型符号，整合加工工艺、材料、色彩等要素，依据人机工学原理，重点考究在使用过程中好拿、好放、好用，使产品的把手距离恰当，粗细适度，机理自然，材料耐骤冷骤热，并提高生产效率，降低资源消耗，消除环境污染，实现可持续发展等（图3-52）。

2．象征性语意

随着社会个性需求的提升，产品的差异化特征变得越来越明显，它不再是单一的有形个体，而越来越演绎为一种身份、文化、观念、习俗、时代的象征，并通过产品的造型符号传递出来，成为功能之外的附加价值，而这正是产品象征性语意的主要特征（图3-53、图3-54）。

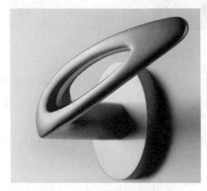

图3-52　中空的门把手设计　　　　　图3-53　独特硬朗的线条是兰博基尼车型的风格

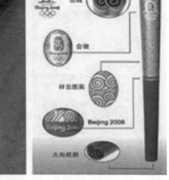

图3-54　北京2008年奥运会火炬

一般来说，具有某种象征意义的产品与使用者的沟通，不仅仅局限于简单的机能式的生理沟通，而更强调产品与人的情感交流和对话。

3．趣味性语意

产品的趣味性语意，具体可分为：生趣（从生动、灵活方面表达趣）、机趣（从机智、灵巧方面表达趣）、谐趣（从诙谐、滑稽方面表达趣）、雅趣（从雅致、风趣方面表达趣）、情趣（从情爱、情致方面表达趣）、天趣（从自然天性方面表达趣）、理趣（从理智、聪颖方面表达趣）、童趣（从儿童的角度表达趣）、拙趣（从憨态可掬方面表达趣）、奇趣（从奇、反常道方面表达趣）等多种语意特征（图3-55）。

图3-55 趣味餐具设计诙谐、滑稽，给人们生活带来乐趣

这些趣味语意，主要是通过趣味化的造型符号来表达的。即在满足基本功能的前提下，将各种可爱的、幽默的、卡通的、搞笑的符号和元素融入到形体设计中，同时结合人的情感取向，作意向化的细节处理（图3-56）。

趣味性语意的表达，离不开设计素材的提炼与推敲，力求神似而不求形似，控制在似与不似之间。

趣味性语意的表达，除了通过直接的趣味形态来实现，也可以借助经过巧妙设计的造型和结构而产生的新的使用方式来间接实现（图3-57）。

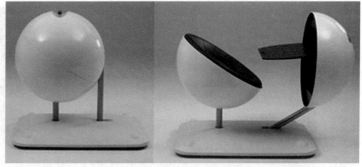

图3-56 章鱼情人节 U盘设计　　　图3-57 球形一体办公系统，Michiel van der Kley 设计

4. 关怀性语意

产品设计崇尚"以人为本"。归纳起来，可以将"人"区分为人性、人种、人际三个层次。

如果产品在满足功能的基础上，体现了对人尤其是特殊人群，如老人、小孩、病人、残疾人、孕妇、左撇子等的关怀与体贴，那么这样的产品必将更受顾客的青睐，而这正是关怀性语意的主要特征（图3-58）。

关怀性语意的准确表达，离不开对生活的仔细观察和对人性的深刻研究。设计师需要严格遵循人机工学原理，借助合理的造型符号，赋予人生理和心理上的多重关怀，让用户在使用过程中情不自禁地被感动，并最终演绎为一种情感的寄托。

**图3-58 Dmitry Boyko 设计的
一次性纸杯护套**

三、产品的符号性

符号的起源是劳动，早在原始社会，人们就有了实用和审美两种需求，并且已经开始从事原始的设计活动，以自觉或不自觉的符号行为丰富着生活。我们祖先所创造的结绳记事到歌舞图腾，都是维护社会传统秩序的信息符号。

人通过处理符号来交流信息、采取行动，研究这些符号的学说叫符号学。符号学研究的中心内容是各种传播模式的符号语意学特性。符号之所以被创造出来，就是为了向人们传达某种意义。符号学主要包括信息符号、句法学、语意学和语用学。符号学成为一门学科由两个人来完成，一个是瑞士的语言学家索绪尔，一个是美国的皮尔斯。同时也就有了欧式符号学和美式符号学之分。

符号是负载和传递信息的中介，是认识事物的一种简化手段，表现为有意义的代码和代码系统。产品设计中的符号特性应该具有以下五个特点：认知性、普遍性、约束性、独特性意义双重性和有机性。

1. 认知性

在设计中，认知性是符号语言的根本特性。一方面，构成产品的形态语言作用于人们的视觉感官而形成的各种视觉语意，反应在我们头脑中形成概念，讲述各自的操作目的和准确操作方法，人们通过长期对事物的认识感知判断出产品的功用。产品用其特有的符号——形态语意表现自身功能，让消费者在认知时产生共鸣，达到传达信息的目的。认知性的强弱取决于对符号语言理解的准确度。另一方面它又隐含了人的思想表达。我们说，形态语言是由媒介、指涉对象和解释所构成的。在作为符号使用的媒介和对象所作的接受或说明之中（图3-59）。设计师在对自然生物体，包括动物、植物、微生物、人类等所具有的典型外部形态的认知基础上，寻求对产品形态的突破与创新。如果一项设计作品不能为人认知，让人不知所云，那它就失去了意义。设计中，认知性是符号语言的生命。

图3-59 游艇设计

2. 普遍性

现代设计是为大工业生产服务的，产品设计的根本目的是人而不是产品本身。设计者只有找出能让自己、客户、消费者都能理解的设计语言，也就是设计的符号语言只有具备了普遍性，设计作品才会在大众中广泛传播并为大众所接受。

为此，符号语意学强调，设计师应当尽量了解用户使用产品时的视觉理解过程，用户在什么位置寻找开关？把什么东西理解开关？怎么发现操作方法？如果一个产品的含义不清楚时会引起什么错觉？用户怎样进行尝试？怎么观察产品的反映？换句话，产品符号应能够立即被大多数人认出来它是干什么的，产品应当允许用户进行尝试并提供反馈信号，使用户进一步理解产品内部的运行行为，使产品行为变得透明。设计人员常常遇到这种情况，自己花了很大工夫做出来的东西，却不被客户接受，这时设计者也许会抱怨客户欣赏水平不够，其实有时客户比设计者更了解群众。设计者只有找出让自己、客户、消费者都能理解的设计语言，才能更好地完成设计任务。设计的普遍性这一特征，在许多公共场所的标牌设计中体现的尤为充分。如公共卫生间的男女标志，相信不论男女老幼、文化深浅，都能够清晰分辨（图3-60）。

图3-60　公共卫生间的男女标志设计

3. 地域差异性

结构、色彩作为产品的语言符号，在历史的进程中，除了它所具有的认知性、普遍性外，因民族、地域和时代环境的文化背景的差异，在物的表现上与使用上会有不同的观看角度、顺序和理解结果。只有符合特定背景的符号才能在这一范围内被更多的人接受。它和其他文化艺术一样具有传承和文脉的特性，因为语意具有文化的属性。设计师要想自己的作品被更多人接受，为人所喜爱，就必须将设计纳入特定的文脉中去考虑。对其了解得越全面、越深入，对符号的运用才能得心应手，符号语意的潜在作用才能得到最大程度的发挥。不同地区的文化往往能在产品中得到极大的体现。例如北欧设计所具有的简洁、实用和自然的特点（图3-61）；德国产品的理性化（图3-62）；意大利产品的激情等。

如图3-63所示，类似这些特性我们都能从地域的文化和当地人文背景中找到答案。

图3-61 北欧Georg
Jensen 设计

图3-62 德国QisDesign
灯具设计

图3-63 意大利studio
灯具设计

4. 独特性

符号一般强调"求同"，这样才容易被理解和记忆，但是在设计中"求异"常常是关键。同样是针对一个主题，我们必须找出与之相关的尽可能多的表现形式，才能创作出与众不同的作品。在现代设计领域里，产品设计的对象不再是单纯的"物"，而是基于现代生活中的人—机—环境之间的相互关系所产生出的新的关系设计。其外延扩大了，三者间的信息交流更加强调感性因素，更加注重界面的情感特征，要取得人们的感情共鸣，那么这种界面就应该具有丰富的感性内涵（图3-64）。"达意"是创作之本，不要为了"独特"而独特，切实把握好适度的原则。

5. 意义的双重性

设计以人为本，凡是与人相关的科学都不免有其复杂性和矛盾性。而构成设计形式的符号也同时具有物质与精神双重功能。也就是说，它不仅是有物质材料组成并受物质因素限制、表型使用功能意义的"物质形式"，它又是一种浸透着情感的，表现着精神方面意义的"有意味形式"，它有着明显的艺术符号的典型特征。而这二者密不可分（图3-65）。

6. 有机性

在一个艺术作品中，每一成分都不能离开有机结构而独立存在，它不像词汇语言那样，每个词句都有单纯的意识，所有的词句加起来就构成整体的意义。而在产品符号中，其成分总是和整体形象相联系的。产品符号就想生命一样，其意味并不是各部分意义简单相加而成的。

产品设计的核心是人。通过对产品符号性的探讨，在此提出了新的设计思想，即设计核心的两个目的。第一个目的，使产品和机器适应人的视觉理解和操作过程。即从人的规律性出发，探讨产品设计。它包括直接的使用和感知两方面，如网状或条形空槽，大多用于散热通风或是发声（图3-66）。对于手握部位可用防滑小球或防滑突起，增加材质表面的粗糙程度做指示，而无需用文字注解来体现操作的作用与功能。第二个目的，是针对微电子产品出现的新特点改变传统设计观念。传统的功能主义是以

图3-64 昂达F800 UFD 炫盘

图3-65 烟灰缸的设计

图3-66 电脑和吸尘器
的散热孔设计

几何形状作为技术美的基础，主流设计思想是"外形符合功能"，并在三维几何空间里设计几何形状。产品造型就意味着几何形状设计，形成简单化、标准化的原则，成为机械理论和技术的一个组成部分。而电子产品则趋于"轻、薄、短、轻"。

产品符号性反映出了丰富的生活形态以及人类多元化的本质，同时产品作为特殊文化现象，它又是由多种因素构成的，即使相同文化背景下成长起来的人对它也会有不同的认知。

第六节　工业产品形态构成要素中的语意

产品形象的具体体现是产品在设计、开发、研制、流通、使用中形成的统一形象特质，是产品内在的品质形象与产品外在的视觉形象形成统一性的结果。狭义上讲，产品的外在视觉指产品的外形。产品的外形既是外部构造的承担者，同时又是内在功能的传达者，而所有这些都是通过材料运用一定加工工艺以特定的造型来呈现。现代工业产品的形式在很大程度上是依靠对材料的运用和加工来表现的，造型材料是外在视觉形式表现的内容之一，同时他又有自身的特点。不同性质的材料组成不同结构（体现在外部造型上）的产品都会呈现出不同的视觉特征，给人不同的视觉感受。从产品自身来讲，体现在外在视觉上的形象语意主要包括四方面的因素：形态语意，结构语意，色彩语意和材质语意。

一、形态语意

"形态"包含两层意思的内容。所谓"形"，通常是指一个物体的外形或形状。如我们常把一个物体称为圆形、方形或三角形。而"态"则是蕴含在物体内的"神态"或"精神势态"。形态就是指物体的"外形"与"神态"的结合。在我国古代，对形态的含义就有一定的论述。内心之动，形状于外。

中国的书法可以说是诠释形态概念的一个典型的例子。当我们欣赏一篇书法作品的时候，通过字型笔画的承上启下，笔墨的浓淡干湿等变化，就能感受到书法家用笔时的速度和力度（图3-67）。

图3-67　中国书法

产品设计是一种文化创造活动，它的构思活动形式与文学创作有许多相似之处。在产品形态的创作上有意识地采用一些普遍意义的处理手法可以使形态的视觉效果倍增。为了形象起见，我们在这里将这些方法称之为产品造型修辞方法。

第一，简洁手法。人类社会的发展构成一种越来越快的生活节奏，瞬息万变，繁杂而紧张的生活时间在速度的作用下变短，生活空间在速度作用下变小。人的视觉对形象的认识能力受到到了时间和速度的影响。为此，人们要求用秩序和条理来平衡这种心理的忙乱。这就要求我们设计的形态要具有简洁的视觉效果和感染力。简洁不等于简单，更不是简陋，简洁

工业产品造型设计

图3-68 佳能G9 由几何形态构成

的核心是精、纯、整，而不是纯功能主义的单调和冷漠（图3-68）。所谓"精"，就是产品要形象鲜明，有主次，有很强的视觉吸引力；"纯"就是要充分体现形态的本质、功能、使用方式，尽可能不涉及使人联想到其他类型的物品；"整"就是要统一，让所有的造型因素都统一在一个系统里，避免形体的支离破碎，加快信息的准确传达速度，更便于人的认知和使用。

第二，形态的分割与重建。所谓分割就是将一个整体或有联系的形态分成独立的几个部分；重构则是将几个独立的形态重新构建成一个完整的整体。这两者是一种互逆的关系。经过分割，然后对分割后的单体再进行组合、重构，这个也称作分割移位。不管是等分割、比例分割还是自由分割，与平面材料的立体化有类似之处。被分割的块体是由一个整体分割而成，因而具有内在的完整性，所以分割后的块体之间通常具有形态和数理的关联性和互补性（合理、巧妙的关联性与互补性是分割时要充分考虑的，也是评价分割好坏的重要标准），很容易形成形态优美、富于变化的作品，这也是此种造型方式的特征。如图3-69所示，通过分割与重建来完成椅子的多功能性。

第三，形态的重复组合。在形式上有重复性或相似性，因而有很好的视觉节奏感、韵律感，类似于文学修辞中的排比，音乐中的重章叠唱。形态的组合也可以使产品向系列化发展（图3-70）。系列化或家族化也是产品设计的主要方法，企业在多种的产品开发设计中，追求形态或色彩上的相似性、统一性，突出产品或企业形象。

图3-69 多功能折叠椅 wing fung ng 设计

图3-70 二合一桌椅

第四，形态的契合。契合是一种特殊的形态组合方式，契合本身有"符合"、"匹配"的意思，形态的契合是指形态与形态之间相互紧密配合的一种关系，就是将我们平面图形中的"共线共形"运用到了立体形态上，成了"共面共形"。这种方式是根据形态的基本功能要求，找出形态之间的相互对应关系，如上下对应、左右对应或正反对应等，使创造出来的形态互为补充，使各自独立的形态，通过形态契合设计，形成新的统一体，从而达到扩大形态的功能价值，合理地利用材料，节约空间，方便存储等目的。如图3-71所示，不用借助外部工具简单地组装成书架、桌椅。

第五，形态的过渡。过渡是指在造型物的两个不同形状或色彩之间，采用一种既联系二者又逐渐演变的形式，使它们之间相互协调，达到和谐的造型效果（图3-72）。

第六，形态的呼应。呼应是指形态在某个方位上性、色、质的相互联系和位置的相互照应，使人在视觉印象上产生相互关联的和谐统一感。呼应在产品造型中应用广泛，尤其是在产品形态的最终调整过程中，为了强调局部与整体、局部与局部的统一关系，对其视觉元素进行相似性的处理，最终得到联系紧密的和谐整体形态（图3-73）。

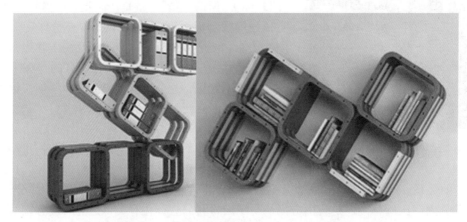

图3-71　意大利设计师Giorgio Caporaso设计

图3-72　Daisuke
Hiraiwa设计的花瓣灯具

图3-73　组合音响

第七，比拟与联想。比拟是比喻和模拟，是事物意象相互之间的折射、寄寓、暗示和模仿。联想是由一种事物到另一种事物的思维推移与呼应。比拟是模式，而联想则是它的展开。比拟与联想利用人们的思维模式特点，巧妙地通过信息的嫁接，使现有形态的内涵扩大（图3-74）。换句话说，设计者通过有限的形态语言创造出一个开放式的感受空间。整个过程通过一种含蓄、内敛的方式取得了丰富多彩的情趣之美。比拟与联想在形态设计中是一种独具风格的造型处理手法，处理得好，能给人以美的享受（图3-75）。反之，则会使人产生厌恶的情绪。

图3-74　仿生鼠标设计

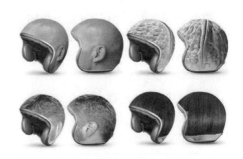

图3-75　各种仿生头盔设计

第八，主从与重点。"主"，即主体部位或主要功能部位。对设计来说，是表现的重点部分，是人的观察中心。"从"，是非主要功能部位，是局部、次要的部分。

在工业设计中，主从关系非常密切，没有重点，则显得平淡，观察者的视线在产品上四处游离，无所适从。因此，产品设计中需要设置一个或几个能表现产品特征的视觉中心，产品的视觉中心设置的合理与否直接影响到产品形象的艺术感染力和其市场竞争力。视觉中心的设计可以引导人们对对象产品进行更加深入的注意和探求，从而使设计对象达到使用功能与欣赏功能的一致性。要想使产品形成视觉中心，就要实现产品功能、表面位置、大小、对比、密度等各要素的协调和对比（图3-76）。

图3-76　苹果iMac 简洁形象

二、结构语意

结构主义是20世纪下半叶最常使用的分析语言、文化与社会的研究方法之一。不过，"结构主义"并不是一个被清楚界定的"流派"，虽然通常大家会将索绪尔的作品当作一个起点。结构主义最好被看作是一种具有许多不同变化的概括研究方法。就如同任何一种文化运动一样，结构主义的影响与发展是很复杂的。广泛来说，结构主义企图探索一个文化意义是透过什么样的相互关系（也就是结构）被表达出来。根据结构理论，一个文化意义的产生与再造是透过作为表意系统的各种实践、现象与活动。一个结构主义者研究对象的差异会大到如食物的准备与上餐礼仪、宗教仪式、游戏、文学与非文学类的文本以及其他形式的娱乐，来找出一个文化中意义是如何被制造与再制造的深层结构。

从设计的角度看，结构离不开一定物质形式的体现。以自行车为例，当我们看到两个车轮时，就能感受到它是一种能运动的产品，脚蹬和链条揭示了产品的基本传动方式和功能内涵，车架的材料、联结形式等不仅反映了产品的基本构造，同时也强调了产品的外在势态（图3-77）。因此在设计领域中产品的形态总是与它的功能、材料、机构、构造等要素分不开的。人们在评价这些产品时也总是与这些基本要素结合起来。因此可以说，产品形态是功能、材料、机构、构造等要素所构成的"特有势态"给人的一种整体视觉形式。

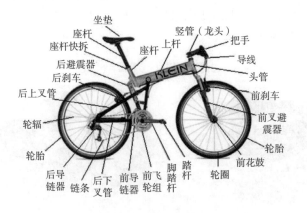

图3-77　自行车的结构

法国的列维·斯特劳斯认为，社会是由文化关系构成的，而文化关系则表现为各种文化活动，即人类从事的物质生产与精神思维活动。这一切活动都贯穿着一个基本的因素——信码（符号），不同的思想形式或心态是这些信码的不同的排列和组合。他通过亲属关系、原始人的思维形式和神话系统所作的人类研究，试图找到对全人类（不同民族、不同时代）的心智普遍有效的思维结构及构成原则。他认为处于人类心智活动的深层的那个普遍结构是无意识地发生作用的。其结构主义方法主要有如下原则：

（1）整体性的要求，整体优于部分；

（2）内在性原则，即结构具有封闭性，对结构的解释与历史的东西无关；

（3）用共时态反对历时态，即强调共时态的优越性；

（4）结构通过差异而达到可理解性；

（5）结构分析的基本规则：①结构分析应是现实的；②结构分析应是简化的；③结构分析应是解释性的（图3-78）。

图3-78　吉奥帅豹（左）与奥迪Q7（右）前脸结构具有一定的相似性

三、色彩语意

色彩是大自然与人类生活共通的"表情"。人一睁开眼睛便纳入了五彩缤纷的色彩世界。在人类历史发展的进程中，色彩担任了重要的角色。色彩具有可感知的形式，能以视觉感受它所表现的某种色相、明度与纯度，从而不同的色彩给人不同的心理感受（如图3-79所示，充满吸引力的颜色适合不同的家具和个人需要）。正是这种色彩感受构成了色彩的符号语意。色彩符号语意是特定时空里的人们由于生活积淀和社会约定而形成不同时空共同遵循的色彩尺度，逐渐发展成为一种特定的交流工具。

图3-79　时尚七彩餐具套装

色彩所带来的感受及文化内涵来自三个不同层面。第一个层面来自共感受，这种语意与色感之间存在感官上的接近性，如红色的热、前进、膨胀等共感觉。第二个层面来自色彩的联想，这种语意与色感之间存在着一种逻辑的关联，如因红色如火似血，而联想到暴力、革命等。第三个层面则来自固定为一种社会观念的象征、一种约定俗成，也就是我们所说的文化因素。

因此色彩符号语意有两大特点。第一，颜色本身不能单独成为符号形体颜色需要依附于某种物质，与该物质共同组成色彩符号的形体，产生意义（如图3-80所示，黑色代表庄重、可靠、值得信赖的品牌意义）。颜色符号中的载体实际上是给符号的解读者提供了一个语用维度，确定了一个语境。第二，每一个民族在心理上对色彩的感觉和分类有明显的不同。他们对某种颜色的好恶往往受他们的文化习俗或宗教信仰的影响而不同（如图3-81所示，红色则是代表中国的颜色）。即同一色彩会因社会观念、时代观念的不同、地域及民族的差异等因素，而赋予不同的文化象征语意。如很多人都认为白色象征纯洁，所以新娘的婚纱以白色居多，而摩洛哥人忌用白色，在他们眼中白色意味着贫穷，一无所有。所以在进行产品色彩设计时，需要重点研究的是色彩符号语意及其如何诠释（赋值）的问题，这将有助于将消费者的心理预期以及由市场上收集到的信息通过意义的传递诠释为具体的色彩，以此来获得满足消费者感性需求的色彩。

图3-80　杰科GK-HD310播放器

图3-81　代表中国文化的中国结和红灯笼

色彩符号在产品设计的过程中是可以帮助产品形态做到这一点的，色彩与造型二者结合，可以使使用者对产品的操作部件，其功用和操作方法进行直观的识别和把握，而无须进一步的思考和判断，如通过一些引人注目的颜色来加以标识，能够让产品的功能、特征不言自明，从而真正实现产品的易用性（图3-82）。

在食品包装上，设计师利用一些色彩会给人以甜、酸、苦、辣的味觉感，如：点心上的奶油色和橘黄色，给人以香甜酥软的感觉（图3-83），并引起人的食欲，因而食品类的包装与广告普遍采用暖色的配合。而绿色与某些尚未成熟的果实的颜色一致，因而会引起酸与苦涩的味觉。所以一些解渴生津的饮品会选用绿色作为广告或商品包装的色彩。一般的清凉饮品多使用蓝绿色为标识性色彩。而辛辣食品常使用红、黑色为形象符号性色彩。要是违背色彩规律的用色通常会引起人的不快。

设计加湿器时，一般采用了蓝色这一海水的颜色（图3-84），给人清新、凉爽的感觉，仿佛一阵海风吹过，

图3-82　色彩体现出的功能知识性

图3-83　食品包装的颜色设计

让人呼吸到阵阵湿气。同时又能让人联想到广阔的天空，无拘无束，给人以安宁、悠闲的感觉。正好符合加湿器这一家用小电器在家庭使用中的功能。

产品设计师要找到一种能够准确传达产品性质的色彩符号，引起使用者在使用方式上的一种共鸣，以达到与产品更深层次的沟通和交流。

人的生活经验、方式及生活背景不同，对色彩语意的理解就不同。产品色彩语意设计成功与否取决于消费者是否感知和认同它所传递的信息，设计师可能与消费者背景不同，设计师的任务就是要先通过各种市场调研的手段来解读消费群体对某一特定产品的色彩含义的普遍认知体验与心理期待，然后再去以此为依据进行产品色彩设计。

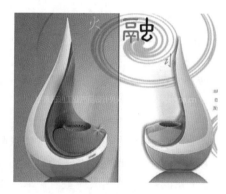

图3-84　加湿器设计

四、材质语意

材质语意是产品材料性能、质感和肌理的信息传递。在选择材料时首先要考量材料的使用性能，比如强度、耐磨性等物理量来做评定，还要考量其加工工艺性能是否可以满足使用的需要。

材料的质感肌理是通过产品表面特征给人以视觉和触觉感受以及心理联想及象征意义。因此在选择材料时还要考虑材料与人的情感关系远近作为重要选评尺度。质感和肌理本身也是一种艺术形式，通过选择合适的造型材料来增加感性成分，增强产品与人之间的亲近感，使产品与人的互动性更强。不同的质感肌理能给人不同的心理感受，如玻璃、钢材可以表达产品的科技气息，木材、竹材可以表达自然、古朴、人情意味等。材料质感和肌理的来源是对材料性能的充分理解，这就是说材质的使用要力求吻合材质的加工工艺。如金属钣金件采用冲压成型、拉伸成型等工艺，比较之前由锻打工人手工打造带来很多的改变，可以使形态肌理多样化（图3-85）。比如产生光亮如镜的金属表面质感，让人体验到高科技的神秘与骄傲；而高分子材料的注塑成型可以使产品表面产生磨砂的细腻质感，使人产生梦幻般的感受。材料质感和肌理的性能特征直接影响到材料用于所制产品后最终的视觉效果（图3-86）。作为设计者应当熟悉不同材料的性能特征，对材质、肌理与形态、结构等方面的关系进行深入的分析和研究，科学合理地加以选用，以符合产品设计的需要，为树立良好的产品形象服务。

图3-85　诺基亚E71，采用抛光不锈钢材质

图3-86　Gresso豪华手机

产品设计中，材料可以独立或协助其他要素表达特定的含义，材质语意的不同会影响产品语意的差异。例如在笔记本电脑中，一般工程塑料象征着中低端；要表现高档，则多用镁铝合金。另外，在产品设计中，材料的选择除了要考虑材料本身所具有的物理特性、感觉特性、文化特性以及产生的联想，还要受造型及功能影响。例如，中低端的笔记本电脑采用工程塑料，是基本成本和耐用、耐热等

工程方面的要求；高端笔记本电脑则采用镁铝合金，也是基于其重量要轻、散热要好的要求，以及高科技感的需要。

　　在不同的自然环境、不同地域、不同历史背景下设计创造中材料的选择和使用，必然也凝结了特定的历史、文化特征和社会意识。竹子，在中国、日本乃至东方很多地区大量存在，作为可再生的自然资源，其造型挺拔、风韵优雅、竹香清淡、低调却富有韧性，因而在传统文化和器物上经常出现（图3-87）。

图3-87　竹制品

　　由于材料在社会中并非孤立存在，很多材料与社会现象和社会思考相联系，因此产品的材料也必然折射出特定的社会特征，例如环保材料的生态意义。瑞士Freitag包，利用工业废弃的卡车篷布和安全带、内胎等进行在处理并设计而成（图3-88）。一方面其影响了环保再利用的风潮；另一方面，其材料使用过的独特的"痕迹"成为其特有的生命感。因此现代设计要充分利用该地域的材料作为自然资源或社会资源的特性，也可鼓励尝试材料的非传统、跨文化的设计演绎。

图3-88　瑞士Freitag包

第四章　色彩设计

第一节　色彩基本知识

色彩是怎么形成的，自古以来就受到人们的注意，从1930年代开始，以色彩为研究对象的色彩科学即成为一门新兴的应用科技，受到科技界及工业界的重视。在我们生活的周边环境中，几乎无所不在被色彩的围绕着，色彩与每个人都发生了极为密切的关系，即凡食、衣、住、行、育、乐等方面，而色彩对于每个人的情绪、情感、个性亦有深入的影响。目前，色彩研究涉及物理学、生理学、心理学、美学等多门学科，色彩学的发展有赖于这些学科的进展，而色彩学的研究成果又为这些学科提供材料，促进其更深的发展。

由于色彩是形态三要素（形、色、质）之一，所以色彩是工业产品造型设计必须研究的课题。而色彩与形态和材质相比较，在视觉艺术中色彩更具有先声夺人的力量，因此色彩设计在产品造型设计中占有很重要的地位。

一、色彩的概念及分类

1. 光与色

光在物理学上是一种电磁波。电磁波的波长范围很广，短的只有$10^{-14} \sim 10^{-15}$m，长的可达数千千米，而能引起人的视觉的波长范围是80~780nm（1nm=10^{-9}m），这段波长的光为可见光谱。在光学范围内，波长大于780nm时为红外线，波长小于380nm时即为紫外线。

过去，人们一直以为太阳光（白光）是无色的，直到牛顿在暗室里引入阳光，让光线通过三棱镜投射到屏幕上，在屏幕上有序地呈现红、橙、黄、绿、青、蓝、紫七种颜色组成的色带，从而证明太阳光是由不同波长的光波组合成的，为色彩学奠定了科学的基础。而这条色带即为光谱，如图4-1所示。其中，红光波长最长，紫光波长最短，具体量值如下：

红：760 ~ 647nm

橙：647 ~ 585nm

黄：585 ~ 565nm

绿：565 ~ 492nm

青：492 ~ 455nm

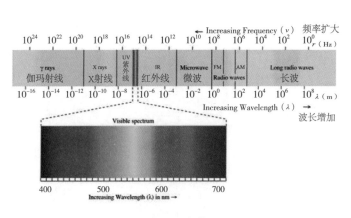

图4-1　光谱

蓝：455～424nm

紫：424～400nm

单一波长的光表现为一定的颜色，称为单色光，任何一种单色光都不能被棱镜再次发散。色彩学中将无法用其他颜色或色光混合得到的、也无法再分解为其他色相的色称为原色。

2．色彩的概念

色彩是我们辨认物体的重要条件。当我们观察物体时，由于光的照射，物体将按照它的分子构造选择吸收某些波长的光线，而将其它光线反射出来。物体表面反射出来的光线作用于人的视觉器官，就会产生一种色彩的感觉。因此可以这么说，色彩是光刺激视觉神经后产生的一种视感反应。

3．色光与色料

色光与色料在本质上是有严格区别的。色光是以电磁波形式存在的辐射能，是太阳中各种物质燃烧的结果。在阳光的光子中，可以找到各种物质，如红色光中含有氢氧元素，橙色光中含有钠元素，黄色光中含有氮元素，绿色光中含有铁元素，蓝色光中含有氢元素，紫色光中含有铁钙元素。阳光中所含各种色光的物质特性不同，当阳光照射到某一物体时，凡属同类元素具有相互结合作用，物体将同类元素的色光吸收，所以这部分色彩就不呈现，对于异类元素具有相互排斥作用，物体将异类元素的色光反射出来，其色彩可见。如：呈现黄色，反射黄光，吸收其它色光；呈现绿色，反射绿光，吸收其它色光。

色料是以各种有机物质或无机物质组成的色素，通常所说的油漆、染料、颜色等物体都是色料。工业产品所指的色彩是通过各种颜色的色料加以调配而成，是色料的颜色。

4．色彩的分类

色彩可分为有色系和无色系两大类。无色系指白色、黑色以及各种深浅不同的灰色，它们可以排成一个系列，由白色逐渐到浅灰、中灰、深灰、直至黑色，也叫白黑系列，用一条垂直带来表示，如图4-2所示。白黑系列的两端分别是纯白和纯黑，纯白是理想的完全反射的物体，其光反射率为1；纯黑是理想的无反射物体，其光反射率为0。由此可见，白黑系列代表着物体光反射率的变化，但在视觉上白黑系列反映的是明度的变化。离白色越近，明度越高；离黑色越近，明度越低。对于光来说，无色系的白黑变化相当于自然光的亮度变化。当光的亮度非常高时，人眼感觉到是白色的；当光的亮度非常低时，就感觉到发暗或发灰；无光时感觉到是黑色的。

图4-2　白黑系列

二、色彩的形成

1．光源色

光源可分为自然光和人造光两类，其中阳光是自然界一切光与色的本源。我们已知阳光是由七种不同的色光——红、橙、黄、绿、青、蓝、紫组成，由于青紫波较短，其光波易被大气层中的种种微粒所散射，所以晴空中始终呈现一片青蓝色光；雾天，天空中水汽丰富，而水的微粒比空气分子及空气中的悬浮微粒更大，对光的散射能力就更强，不仅青紫光波不能通过，橙黄光波也难以通过，只有波长较大的红色光波通过较多，所以雾中的阳光看起来是红色的；大自然中充满诗情画意的朝霞和晚霞也是同理，早晚的太阳是斜射到地面上的，此时阳光通过的空气层较厚，只有波长较大的红橙光波能穿过，所以早晚的阳光呈红、橙或金黄色；中午时日光直射地面，阳光通过的空气层较薄，红、橙、黄、绿、青、蓝、紫等色光都能通过，所以中午的阳光呈白光。

大自然中的光源色会因阳光照射地球的角度、气候等条件的变化而变化，受光物体所呈现的颜色也会随之发生变化。比如白色的物体只有在中午的阳光照射下呈现白色，而在晨光下受光部分呈橙黄色，在夕阳下又会呈浅红色，在月光下呈偏蓝绿色，在白炽灯下偏黄色。由此可见，光源色对物体受光部分的颜色影响较大，特别是表面比较光滑的物体，往往是光源色的直接反射。

2. 固有色

"固有色"本意是物体固有的颜色。但是，物体的色彩受制于光源，物体本身并不呈现恒定的色彩。因此，"固有色"并不存在，只有色光和反射一定色光的各种不同质地的物体是永恒的。

人们能看到物体的颜色，是由于光的作用。当光照到物体上，物体将对不同色光进行选择吸收与反射，从而呈现不同的颜色。可见，色离不开光，没有光，也就看不到色彩。同样，色彩也离不开具体的物体，色彩和物体是不可分割的整体，没有具体的物体，也就没有具体的色彩。总之，物体色彩的变化不仅与光线有关，还与物体本身的结构、质地及表面状况有关。

质地松软而表面粗糙的物体，因对光线的漫反射，只有一部分被反射的色光作用于我们的视觉，它们受周围环境色彩的影响较小，各部分的明暗对比不太强烈，所以"固有色"表现得比较明显。而质地坚硬、表面光滑的物体，因对光线的正反射，周围环境色彩对它们的影响比较强烈，各部分的明暗对比悬殊较大，对比色鲜明。我们的视觉受到较强的反射光刺激，对"固有色"的感受就比较明显。

3. 环境色

环境色是指被观察物体所处的环境的颜色倾向，有时也称作条件色。环境色的产生是与光源的照射分不开的，光源照在某件物体上，物体将吸收一部分色光而把另一部分色光反射出来映射到邻近的物体上，使其色彩受到一定程度的影响。与光源相比，环境对物体"固有色"的作用是较小的，一般情况下，物体色彩中的环境色不及光源色和固有色显著。

环境色对于物体背光部分影响较大。例如将一个白色的圆球放在铺着蓝色台布的桌上，它在普通灯光照射下，略呈黄色调，而在背光部分由于蓝色台布的反射作用则呈蓝色调。如果将台布拿走，直接在黄色桌面上将光源改为日光灯，那么白球的受光部分又会呈现青色调，而背光部分呈黄色调。

"固有色"、光源色和环境色是形成色彩关系的三个因素，三者结合在一起，相互作用，形成一个和谐统一的色彩整体。也就是说，这三者是不可分离的，每件物体，在任何情况下都必然同时存在着这三种色彩因素，任何一件物体总是由这三者构成其基本色彩，只不过是存在着此强彼弱的差异而已。因此，无论观察、研究任何色彩现象，都必须以这三个因素作为依据，加以全面考虑。

由上述可以得出这样的结论：任何物体的"固有色"并不是永远不变的，随着外界条件的改变，"固有色"也会发生变化，这种变化是以它自身的颜色为依据，外界因素只是它变化的条件。因此，观察色彩既要看到"固有色"，又要看到光源色和物体所处环境的影响色。如一件红色的物体，当它受到黄色的灯光照射时，它的受光部分便倾向于橙色，它的背光部分如受蓝色环境的影响，便倾向紫色，橙色和紫色都包含着红色的成分。

第二节　色彩的对比与调和

在产品设计中，色彩起着十分重要的作用，它与产品造型、图案纹样、材料加工、功能设计等一样，是产品设计中的重要环节。

色彩设计与绘画色彩之间既有联系，又有区别。绘画色彩是以光照作用下产生的色彩变化为主，对表现对象的色彩变化进行敏锐的观察捕捉及真实地再现，绘画者的科学认识与细致观察是表现色彩的正确方式。色彩设计则以绘画色彩为基础，根据设计专业的特点和要求，运用归纳、概括、提炼等手段，表现物体的色泽感，它更注重和强调物象的形式美感以及色彩的对比协调关系。绘画色彩是感性的、客观的，而设计色彩则是理性的、主观的。设计色彩将视觉中观察到的色彩经过有目的地筛选、梳理、提炼、变化并体现出来。

色彩设计包含了许多设计原则，如色彩的对比与调和、色彩的均衡、色彩的节奏韵律等。但在这些设计原则中，色彩的对比与调和是最重要和最基础的原则之一。对比与调和也称变化与统一。要掌握对比与调和的色彩规律，首先应了解对比与调和的概念和含义、对比或调和的表现方式和规律。

对比与调和，它们之间的关系是相互关联、此消彼长。对比强就意味着调和减弱；而对比弱，则调和增强。所以，它们是相互依存、相互影响的。在了解了色彩的对比关系，也就会反过来帮助理解色彩的调和。当然，只要色彩之间存在差别就有对比；而色彩要达到调和，则必须满足一定的规律。

一、色彩对比的类型

把两种或两种以上的色彩放在一起，通过观察比较，可以对比出其相互间的差异。这种色彩关系就称为色彩对比。对比使色彩之间相互影响，产生作用，甚至发生错觉。而色彩调和是指两个或两个以上的色彩，具有秩序，并协调和谐地组织在一起，使人产生愉快、舒适、满足等的色彩匹配关系。色彩的对比与调和是不可分割、相辅相成的。如果画面中的色彩对比杂乱无章，缺乏调和统一，在视觉上会失去稳定性，产生不安定感，使人烦躁不安、情感不悦；相反，如果缺乏色彩对比因素的调和，又会使人觉得单调乏味，缺乏变化，不能发挥色彩的感染力。对比意味着色彩的差异，差异越大，对比越强；调和则强调色彩的同一性，色彩越调和，对比也就越弱。所以在色彩关系上，有强对比与弱对比的区分。如红与绿、蓝与橙、黄与紫3组补色，是最强的对比。在它们之中，逐步调入等量的白色，那就会在提高明度的同时，减弱其纯度，形成弱对比。如加入等量的黑色，也会减弱其明度和纯度，形成弱对比。在对比中，减弱一个色的纯度或明度，使它失去原来色相的个性，两色对比程度会减弱，以至趋于调和状态。色彩的对比因素主要有以下几种类型。

1. 色相对比

色相对比是两种以上色彩组合后，因为色相之间的差别形成的色彩对比。其对比强弱程度取决于色相之间在色相环上的距离（角度）（图4-3），距离（角度）越小对比越弱，反之则对比越强。按对比着的色相在色相环上距离的不同，有互补色对比、对比色对比、中差色对比、类似色对比、同类色对比等多种关系。

（1）互补色对比

色相对比距离角度为180°，为极端对比类型，能取得视

图4-3　色相环与色相对比的角度

觉生理上的平衡，即互为对立又互为需要。如红与绿、黄与紫和蓝与橙的对比等，图4-4所示为蓝与橙的对比。互补色对比效果强烈、眩目，极具刺激性，但若处理不当，特别是高纯度的互补色相，易产生过度刺激、幼稚、原始、粗狂、不安定、不协调等不良感觉。

（2）对比色对比

色相对比距离约120°，为强对比类型，比互补色对比弱。图4-5就是蓝黄的对比，对比色对比，效果鲜明、强烈、醒目、有力、活泼、丰富，使人易兴奋激动，但若处理不好也容易产生杂乱感、过度刺激、造成视觉和精神疲劳。

对比色相之间，如与明度、纯度相配合，可构成很多审美价值很高的色调。一般需要采用一定的手段来改善对比效果。

图4-4 互补色对比

图4-5 对比色对比

（3）中差色对比

色相对比距离约90°，为中对比类型，效果明快、饱满、有一定力度，同时又具有调和感。既保持了协调，又有着色彩的变化。图4-6中运用了蓝绿的对比，色彩对比明快，既有对比又有统一协调，使人心情产生轻松快乐的感情。而图4-7则在蓝绿对比的基础上使对比色相明度产生了改变，调和性增强。

图4-6 中差色对比

图4-7 背包设计

（4）类似色相对比

色相对比距离约45°为类似色对比，为偏弱对比类型，如蓝与深蓝对比（图4-8）。对比刺激适中、色调鲜明、美感突出，比上面几种色相对比要素雅、含蓄、宁静，统一协调性加大。相比同一色相对比要更明快、活泼、丰富，弥补了同一色相对比的不足，又能获得统一、和谐、雅致、含蓄、柔和耐看的优点。如改变类似色相的明度、纯度可构成很多优美、统一和谐的色彩关系。图4-9中的座椅设计中使用了湖蓝与藏蓝色的对比，使得产品色彩和谐、柔和，在统一之下又不失对比变化，比较耐看。

（5）同类色相对比

色相之间的距离在15°以内，一般只构成明度及纯度方面的差别，是最弱的色相对比。说它是色相对比，不如说是色相调和更贴切，因为色彩间统一的因素远远超出了对比的因素。如图4-10所示，其对比效果单纯、稳静、雅致，但也容易出现单调、呆板的效果。图4-11的雨伞设计，在统一的色调下运用了同类色对比，显得较为含蓄素雅。

图4-8　类似色对比

图4-9　座椅设计

图4-10　同类色对比

图4-11　雨伞设计

在色相对比中，当主色相确定之后，其他色彩的运用必须清楚与主色相是什么关系，要表现什么内容、感情，这样才能增强构成色调的计划性、明确性与目的性，使配色能力有所提高。如图4-12所示，在绿色草地上支起帐篷。如帐篷是黄绿色的，与绿草地构成类似关系，其效果调和而统一；如果帐篷是蓝色的，与草地成中差关系，对比效果既保持了协调，又有着色彩的变化；如果帐篷是红色的，与草地成互补关系，对比效果最强烈，会使红色的帐篷显得更红。因此，在同一产品的色彩设计中，不同的色彩选用可以产生不同的视觉效果和心理效应效果。

图4-12　湖蓝色、黄绿色、红色帐篷与绿色草地的对比

除了彩色之间的对比，在实际的产品设计中，还大量使用黑白灰之间的对比，如黑白、黑灰、白灰，或者其他不同明度的灰之间的对比等。对比效果大方、庄重、素雅而富有现代

感，但也易产生过于素净的单调感。在设计中还常使用无彩色与有彩色的对比，如黑与红、灰与紫、白与高纯度彩色，或黑与白（黄）、白与灰（蓝）等。对比效果既大方，又活泼。无彩色面积大时，偏于高雅、庄重；有彩色面积大时，活泼感加强。白与深蓝（浅蓝）、黑与橘（咖啡色）等的对比，感觉既有一定层次，又显得大方、活泼、稳定。图4-13所示为Christian Vivanco设计的海藻灯具，利用白色与黄、绿、蓝等高纯度色彩的对比搭配，显得素雅、庄重。彩色起到了调节气氛的效果，活泼生动，使整个产品充满了生气。

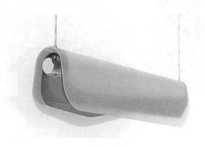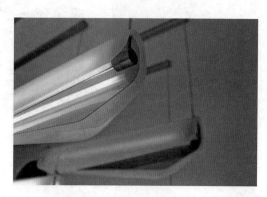

图4-13　Christian Vivanco设计的海藻灯具

这一类色相对比，当明度、纯度有了变化，对比就会具有丰富的表现效果。此外还可利用黑色、白色或者灰色对彩色进行分割，可使彩色的个性表现得更为鲜明突出，层次感也更加丰富。另外，对比中的面积比例、形状大小以及聚与散的变化是无穷的，所以相应的方式与效果也是千变万化的。

2. 明度对比

明度对比即同一颜色的深浅对比。每个颜色当调入黑色或白色后，明度就会降低或升高。

辨别单一明度比较容易，如果要正确辨别包含纯度等因素的明度对比，则并不容易。如观看红绿两色，其明度的差别就不太容易分辨出来。

根据色彩的明度变化，大致可分成高明度色、中明度色和低明度色。色彩不同等级的明度，可以产生不同的调子，如亮调、暗调或中间调。

明度对比与感情表达，也有直接的关系。如高明度与低明度色形成的强对比，具有振奋感，富有生气。明度的弱对比，没有强烈反差，色调之间有融和感，可反映安定平静、优雅的情调。如色调对比模糊不清、朦胧含蓄，会产生玄妙和神秘感等。

3. 纯度对比

纯度对比是指色彩的鲜明与混浊的对比，其特点是增强用色的鲜艳感。纯度对比越强，鲜艳一方的色相就越鲜明，从而也增强了配色的艳丽、活泼及感情倾向。纯度对比弱时，往往会出现配色的粉、灰、脏、闷、单调等感觉。运用不鲜明的低纯度色彩作为衬托色，鲜明色就会显得更加强烈夺目。雨天街头行人使用的五颜六色的雨披和雨伞，那鲜艳纯净的色彩异常醒目、美丽，就是受周围环境沉暗的冷灰色调对比衬托的缘故。高纯度的色彩，有向前突出的视觉特性，低纯度的色彩则相反。相同的颜色，在不同的空间距离中，可以产生纯度的差异与对比。如在近、中、远处观察同一面红旗，近处的效果红旗是鲜明的；中景位置效果则呈含灰的紫色；远景观察的效果与前两次相比，纯度更差，呈灰色。这是色彩因空间关系的变化，反映出空间距离的变化而对色彩纯度的影响。所以，改变纯度，能产生不同的空间距离感。

4. 面积对比

色彩面积对色彩对比的影响力最大。比较常用的孟赛尔（AlbertH.Munsell，1958—1918）的面积对比调和理论，是依据于他的色彩理论体系，以色彩量上的平衡与否来衡量调和关系。在孟赛尔色彩体系中，任意两色若它们之间的连线穿过中心轴，那么被认为是调和的。孟赛尔认为要实现色彩的平衡，最主要的是各色面积的大小比例，色彩强度高的面积应小，色彩强度低的应该占据大面积，由明度和纯度共同构成色彩强度，这样的配置才能达到平衡和调和的目的。

孟赛尔把色彩的强度分量用数字来衡量，并为色彩面积平衡提供了如下的数字关系：A色的明度×纯度/B色的明度×纯度=B色的面积/A色的面积，即画面色彩要达到平衡，各色的强度和面积呈反比关系。根据这样的公式，色彩面积的均衡变为以明度和纯度的数字乘积的比例而定。现在选择一对补色关系来分析：红与青绿，它们在色立体中的位置表示为R5/10、BG5/5。这样一对补色，明度相等，纯度的差别红色是青绿色的两倍，红色要比青绿色鲜艳，如果把这两个颜色等量混合，就不会出现中性灰色。那么为了使两色配置平衡，就需要减少红色的面积或者扩大青绿色的面积。

那么，红色和青绿色的面积就可根据公式换算为：

R5×10（50）/BG5×5（25）=BG面积（2）/R面积（1）

即红色面积应为青绿色面积的一半，或者青绿色的面积比红色面积大两倍。

根据孟赛尔面积平衡公式，可以得到如下推论。

在对比各色属性不变的条件下，色彩的平衡可以通过变换各自的面积的方式来实现；在对比各色面积不变的条件下，根据画面的效果需求，可以通过调节各色属性的数值来实现平衡。如上面的红与青绿的平衡可以调节为：

R5/5（25）/BG5/5（25）=BG面积（1）/R面积（1）

即减弱红色的纯度到5级，或者增强青绿的明度和纯度，来获得相对的平衡。

R5/8（40）/BG8/5（40）=G面积（1）/R面积（1）

该公式对于色彩面积平衡的关系，有一定的参考价值。作为色彩的面积对比，总体规律是色彩强度高的面积要小，色彩强度低的面积要大。

任何配色效果如果离开了相互间的面积比，都将无法讨论。有时候对面积的考虑甚至比色彩的选用还显得重要。通常大面积的色彩设计多选用明度高、纯度低、对比弱的色彩，给人带来明快、持久、和谐的舒适感，如建筑物、室内天花板、墙壁等；中等面积的色彩多用中等程度的对比。如服装配色中，邻近色组及明度中调对比就用得较多，既能引起视觉兴趣，又没有过分的刺激；小面积色彩常采用鲜色和明色以及强对比，如小商品、小标志等，目的是让人充分注意。

二、色彩的调和

色彩调和是相对于色彩对比而言的。两种或两种以上的色彩在配置中总会在色相、明度、纯度、面积等方面存在或多或少的差异，这种差异必将导致不同程度的对比。当色彩对比差异性减弱，呈现出规律性、条理性以及给人以色感均衡、和谐统一时，就称为色彩的调和。由此可见，色彩对比与色彩调和是相互依存、相互排斥的，失去一方，另一方就不存在了。色彩调和是从调和的角度出发，解决缓和色彩关系中统一与变化的这对矛盾，从而使色彩产生美感。

色彩调和的方法归纳起来主要有：

1. 确立色调，统率整体色彩设计关系

所谓色调，是指各种色彩不同的物体所构成的色彩在明度、冷暖、色相、纯度等多方面的总倾向，也可称为"总调"、"基调"。色调起着色彩的支配作用，色调不统一，会产生色彩紊乱，就像不同音调的乐器合奏一样，各唱各的调，而无统一的效果。

色调往往由一组色彩中的面积占绝对优势的色来决定，这一色彩称为主调色。其余色彩则在这一主调色的指导下，设计成与主调色既有一定程度的对比，又统一和谐。因此，研究色彩的调和，必须先解决色调问题。

2. 运用中性色缓解色彩的对比程度

运用中性色缓解色彩的对比程度，是指怎样用金、银、黑、灰、白五种颜色来调和整体色彩关系，有时也称分割调和。当然，这种方法主要用于色彩呈强烈对比的场合。比如，红与绿并列，既刺激又强烈，中间如勾以黑边，仿佛把两种颜色间隔了距离，起着缓冲的作用，所以，在视觉上勾了黑边的比没有勾黑边的较为调和，白线、黑线也能起着同样的作用。

3. 增加共同要素使各种颜色调和

将两色以上的各色调入一个共同色使之统一，就像落日黄昏，大地万物洒满夕照的金光一样，万物色彩似乎加上了橙黄色而趋统一；而远山远景受到空气尘埃的影响，仿佛遮上了一层青灰调，这些都是共同色素的影响。

4. 秩序调和

所谓秩序调和，就是将对比的色彩进行有序的组合，形成色彩的明度、纯度、色相按等差级递增或递减的渐变构成，从而使色彩之间产生规律性变化，以达到调和的效果。渐变构成包括：明度渐变，即加黑量或加白量的渐变；纯度渐变，即加灰量的渐变和色相渐变。

5. 拉开距离，削弱色彩矛盾

拉开距离，削弱色彩矛盾有两层意思：第一层意思是使原来对比强烈的两块色块在平面上拉开距离，减少色彩同时对比下越比越显的作用，从而削弱色彩矛盾，增强色彩调和；第二层意思是在对比强烈的两色上从明度和纯度上加以变化来削弱色彩矛盾，达到协调的作用。比如：改变其中一色的明度，两色一深一浅，加强了明度对比，缓冲了色彩刺激；改变其中一色的纯度，使之有鲜与灰的纯度变化。

6. 比例调和

多色对比时，可以扩大其中一色的面积，使其在力量上占绝对优势，利用主从关系达到调和。

第三节　色彩设计在工业产品中的情感表达

色彩在产品设计中多方面地反映了人们心理审美的视觉感受，直接地体现人与物之间的关系（人与空间、人与环境、人与光色等）。因此，设计者对色彩的研究应以人的生理和心理为基础，通过对人的感觉、知觉、习惯、智能等各种活动规律以及对限度、舒适性等的要求，使设计者在围绕产品设计时，能从色彩上满足这些要求，寻求产品设计色彩与人的生理和心理之间相适应的关系，以达到调动人们情感，提升产品的附加值，提高人民生活品质。

一、色彩的生理作用

1. 颜色视觉

视觉是指物体的形状、大小、明暗、颜色等刺激人眼的视网膜所产生的感觉。视网膜是感光和成像的器官（光敏感受器），它由视锥细胞和视杆细胞组成。视锥细胞具有感受强光和分辨颜色的能力，主要在白天视物时起作用；而视杆细胞对弱光很敏感，但不能分辨颜色，只在弱光或暗光时起作用。这两种细胞在受光刺激时会产生电脉冲，并通过视神经传输到大脑，这就产生了色视觉。可见，颜色视觉也是一种感觉，跟其它感觉一样，存在着颜色适应。人眼在颜色刺激的作用下所造成的颜色视觉变化叫做颜色适应。对某一颜色适应以后，再观察另一种颜色时，就会感觉视色带有适应色的补色成分，随后，这种感觉会逐渐减少以至消失。

2. 色彩的生理作用

颜色的生理作用主要是能够提高视觉工作能力和减少视觉疲劳。在颜色视觉中，人能够根据色相、明度和纯度的一种或几种差别来认识物体（在非彩色视觉中只能依靠明度对比来辨认），因而提高了辨认灵敏度。当物体具有颜色对比时，即使物体的亮度和亮度对比并不很大，也能有较好的视觉条件，并且眼睛不容易疲劳。

不同的颜色还对人体其它机能和生理过程发生不同的作用，甚至影响到内分泌系统、水盐平衡、血液循环和血压等。如红色色相容易使人各种器官的机能兴奋，促使心率加快，血压上升。而蓝色色相使人各种器官的机能趋于稳定，起到降低血压和减缓脉搏的效果。绿黄色和紫色在生理反应上呈中性，但紫色对视觉不利，所以工作场所多采用绿黄系列颜色。

颜色的生理作用还表现在眼睛对不同的颜色具有不同的敏感性。色彩鲜明的颜色，很容易引起人的注意，这就是色彩的诱目性。诱目性主要决定于颜色的明度和色相，明度高的颜色，其诱目性也高。就色相而言，黄色的诱目性最高，红橙色次之，因而黄色常用作警戒色。例如在工作场所危险部位常常涂以黄黑相间的颜色以示警告。

二、色彩的心理作用

色彩本身是没有灵魂的，它只是一种自然物理现象。人们之所以能感受到色彩的情感，这因为人们本身就生活在一个色彩的世界中，根据自然的色彩现象积累了许多视觉经验。一旦知觉经验与外来色彩刺激发生一定的共鸣时，就会在心理上引发某种情绪。反之这种色彩情感又会让人们对其产生广泛的联想，而这种色彩联想在色彩运用中，能帮助人们更好地体现产品本身的特色，更加贴近人们生活的各个方面。因此不同的色彩所产生出不同的心理联想，对不同的产品和不同的行业产生不同的影响，这在色彩设计中需要重点注意。

心理学家针对色彩的心理效应做过许多实验。发现在红色的刺激下，人会产生温暖的感觉，脉搏会加快，血压升高，情绪兴奋冲动。但是长时间的红色刺激会使人心理上产生烦躁不安，在生理上欲求相应的绿色来补充平衡。而人处在蓝色环境中，脉搏会减缓，情绪也较沉静。颜色能影响脑电波，脑电波对红色反应是警觉。因此在日常交通中，红灯是用来警示停止的。而人对蓝色的反应是放松，因此在医院中常使用蓝色来放松病人的紧张情绪。由于色彩具有联想、启发想象及象征作用，所以应通过色彩的设计改善人与环境的关系。如消除不良刺激，使人们得到安全感，提高舒适感，提高工作效率。相反，不适当的色彩设计，可能会产生疑惑不解、烦躁及沉闷的情绪。如室内家具的色彩考虑，应照顾到能有助于消除疲劳、达到舒适温馨的休息环境的要求，以调节人的生理与精神状态。另外，许多企业采用相对固定不变的色彩来装饰其标志、商标和视觉识别系统等，以起到宣传企业形象的目的。

1. 色彩共同情感特征

在色彩设计中，无论有彩色还是无彩色，都有自己的情感特征。每一种色相，当它的纯度和明度发生变化，或者与不同的颜色搭配时，颜色的表情也就随之变化。因此，要想说出各种颜色及搭配所产生的情感特征，就如同描述世上每个人的性格特征那样困难，然而对一些色彩的典型情感特征进行描述还是可能的。虽然色彩引起的复杂感情因人而异，但由于人类生理构造和生活环境等方面存在着共性，因此对大多数人来说，无论是单一色，或者是混合色，在色彩的心理方面，也存在着共同的感情。色彩的共同情感主要表现在以下几个方面。

（1）冷暖感

冷色与暖色是依据心理错觉对色彩的物理性分类，对于颜色的物质性印象，分为冷暖两个色系。波长长的红光和橙、黄色光，本身常常使人联想到旭日东升和燃烧的火焰，有暖感。在红紫、红、橙、黄等暖色中，橙色感觉最热。相反，波长短的蓝色光、青色光，常常使人联想到大海、天空、湖水、阴影，因此有冷的感觉。在蓝紫、蓝至蓝绿色等冷色中，蓝色最冷。此外色彩的冷暖与明度也有关。高明度的色一般有冷感，低明度的色一般有暖感；暖色或者冷色随着色相的变化，色彩的冷暖感也会发生变化。紫色是红与蓝色混合而成，绿色是黄与蓝混合而成，因此是中性色；无彩色系中白色、黑色和灰色也属于中性色。只不过白色倾向于冷感，黑色倾向于暖感（图4-14）。

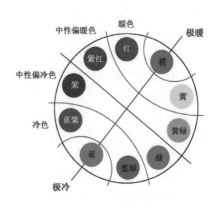

图4-14 十色相环划分冷暖色

在寒冷的夜晚，当人们打开白炽灯时就会产生温暖的感觉，而日光灯则会增加寒意。这种冷暖现象对于颜料也是如此，在冷冻食品和饮料包装上使用冷色，视觉上会引起食物冰冷的感觉。冷饮的包装多采用冷色调，而对于一些热辣的食品又多采用暖色调。这些都是色彩在实际应用中所产生的作用。

（2）轻重感

色彩的轻重感主要是由明度决定的。高明度具有轻感，低明度具有重感；白色最轻，黑色最重；低明度基调的配色具有重感，高明度基调的配色具有轻感。另外，冷色和低纯度色显得轻，暖色和高纯度色显得重。图4-15中的两个灯具设计，同样的形态而颜色不同，形成的轻重对比十分明显。左侧的采用了深灰色的色调，显得质感较重、深沉；而右侧采用了浅灰色，显得质感较轻、素雅。这种轻重的对比也常常出现在同一产品之中，这样可以调节单一的色调和轻重的感觉。

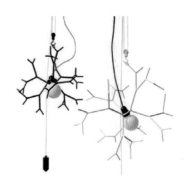

图4-15 意大利whomade
公司的灯具设计

（3）前进后退感

一般暖色和高明度、高纯度的色彩具有前进、凸出、接近的效果；而冷色和低明度、低纯度的色彩则具有后退、凹进、远离的效果。在设计中，常利用色彩的这些特点去改变空间的大小和高低，以及突出主体和重点。

（4）软硬感

色彩软硬感与明度、纯度有关。明度高中纯度的色具有软感，明度低高纯度和低纯度色则具有硬感；强对比色调具有硬感，弱对比色调具有软感。纯度与明度的变化给人以色彩软硬的印象，如淡的亮色使人觉得柔软，暗的纯色则有强硬的感觉。图4-16所示为iPhone6的一款概念设计，从产品所使用的不同色彩系列的对比中，可以看到：天蓝色、绿色的质感软，而黑色和砖红色显得质感相对较硬。

图4-16　iPhone6概念设计

（5）扩张与收缩感

　　暖色和明度高的色彩具有扩张作用，因此物体显得大，而冷色和暗色则具有内聚作用，因此物体显得小。利用色彩来改变物体的尺度、体积和空间感，使产品的各部分之间关系更为协调。例如室内设计中，空间过高时，可用收缩色彩，减弱空旷感，提高亲切感；墙面过大时，宜采用收缩色；柱子过细时，宜用浅色，增加量感；柱子过粗时，宜用深色，减弱笨粗的感觉。在产品设计中也经常使用这样的手法来弥补设计中存在的问题。

（6）明快感与忧郁感

　　色彩的明快感与忧郁感与色相、明度、纯度都有关。在色相方面，凡是偏红、橙的暖色系具有明快感，凡属蓝、青的冷色系具有忧郁感；在明度方面，明度高的色彩具有明快感，明度低的色彩具有忧郁感；在纯度方面，纯度高而鲜艳的色具有明快感，纯度低而混浊的色具有忧郁感。图4-17中的沙发使用了明度较低的蓝色，具有忧郁感同时在视觉上产生了收缩。反之图4-18中的家具采用明度较高的色彩，较为明快，同时在视觉上有了扩张感。

图4-17　明度较低的蓝色沙发

图4-18　明度较高的浅灰色沙发

（7）华丽感与朴素感

　　色彩的华丽与朴素，主要与纯度有关，高纯度色显得华丽，低纯度色则显得朴素。一般来说鲜艳而明亮的色彩，如红色、黄色具有华丽感；浑浊、深暗和纯度低而明度高的色彩显得朴素。有彩色系具有华丽感，无彩色系具有朴素感。在色相对比的配色中，补色对比最为华丽。强对比色调具有华丽感，弱对比色调具有朴素感。

除了色彩之间的对比所带来的诸多感觉之外，色彩本身也存在一些明显的情感特征。这些情感特征，往往是来自于自然界的色彩现象给人们的色彩情感在脑海里的抽象反应。因此这些色彩情感在一定程度上也反映了相应人群的心理特点。例如由于红色产生的刺激，使人感觉到兴奋，让人产生权力和控制的欲望。喜欢红色的人通常激情四溢，精力充沛，异常活跃，富于冒险精神。而橙色是繁荣与骄傲的象征，选择橙色的人通常都非常热爱大自然并且渴望与自然浑然一体。他们喜欢户外运动。紫色是一种神秘且品格高贵的色彩，人们常喜欢用紫色来代表富有内涵的品质。棕色代表着稳定和中立，棕色也是土地给予人们的色彩印象。土地是人类生活的根本，因此棕色也体现着真实与和谐，是稳定与保护的颜色，它代表着充满生命力和感情。在颜色金字塔的测试中，棕色被看作具有精神抵抗力的颜色。白色是雪的颜色，也是冬天、天鹅、莲花、羽毛等给予人们的印记，通常被人们用来代表纯洁、高雅、智慧。自然界的生命给予人们的印象是无边的绿色，充满着生机，因此绿色与复苏、生长、变化、天真、富足、平静等有关。蓝天与蔚蓝的大海给人们以平静广阔而深沉的感受，因而蓝色代表着深远、平静、广阔、永恒与科技。

了解由色彩引起的感情共鸣，不仅反映了色彩情感效应，同时也赋予了色彩情感的生命力，这对于设计中色彩的定位与设计和应用具有十分重要的意义。在设计中恰当地使用色彩，可以使人们在工作上减轻疲劳，提高工作效率，减少事故；在生活上营造更加舒适的环境，增加生活的乐趣。夏天衣服的颜色采用冷色，可以让人感受凉爽；冬天衣服的颜色采用暖色，可以增加温暖的感觉。儿童服装采用强烈、跳跃、闪烁、明快的配色更能表现儿童的活泼感，充满生命萌发的活力。美丽娇艳的装饰可使妇女显得年轻、妩媚、奔放、活泼、富有朝气。而朴素、大方、沉静的服饰色调可以衬托青年男子稳重、自信、成熟的性格。正确地使用色彩，还可以对应自然感受而进行自我调节，有利于健康。例如色彩用于临床医疗，眼科医生用绿色配合治疗眼病；蓝色能够使人退烧，血压降低，平静紧张精神，有利于外伤病人克制冲动和烦躁；红色能使病人血压升高，增强新陈代谢等。

2. 色彩年龄心理效应

色彩心理与年龄有关，人随着年龄上的变化，生理结构也发生变化，色彩所产生的心理影响随之有别。儿童由于对世界充满着好奇，世界对其来说充满了新奇感，需要简单、鲜艳、刺激性较强的色彩，因而在色彩上喜爱极鲜艳的颜色。而青少年则从鲜艳的色彩开始向复色发展，在色彩上开始选择一些色彩鲜艳，但是辅以部分无彩色搭配。随着年龄的增长，相关的阅历也在不断地丰富，各种刺激性不再像儿童时单纯、单一，因此色彩喜好逐渐开始由纯度和明度较高的彩色向灰色过渡，由单色向复色过渡，向黑色靠近，色彩愈倾向于成熟或沉着。

在设计不同产品的时候，就得考虑消费者的年龄层次。恰当地使用色彩来针对不同年龄的消费者，不仅可以充分地表达产品的个性特征，同时还可以迎合不同消费者的心理特点以及色彩情感需求，最大程度地满足消费者。

图4-19所示为儿童家具，在色彩上就使用白色做底，展现一种清爽纯真的感觉，而柜面使用了与白色形成较强对比的深蓝色、灰红色、金黄色、灰绿色，这与柜身所使用的大面积白色形成较大的反差，凸显了较为鲜亮缤纷的刺激感。而这种纯度偏低的颜色与婴幼儿所喜欢纯度较高的颜色不同，不仅展现了青少年对色彩缤纷的世界的求知欲，同时也体现了他们正在慢慢成熟的心理特点。而图4-20所示为成年人使用的休闲椅子，在色彩上就用了黑色与灰色，色彩上的成熟、稳重、宁静、平和、深沉，较符合带有一定内涵品味的中青年人的性格特点。因此，在设计中对于不同年龄的受众对象，针对其心理特点以及色彩喜好采用不同的色彩设计是必要的。

工业产品造型设计

图4-19　组合家具　　　　　　　　　　图4-20　几何椅

3．色彩职业心理效应

色彩心理与职业有着密切的关系，各个行业所造就的生产方式和理念不同，因此，在色彩上也具有偏好性。例如体力劳动者喜爱鲜艳色彩，脑力劳动者喜爱调和色彩；农牧区或者户外运动爱好者喜爱鲜艳的，成补色关系的色彩；知识分子则喜爱复色、淡雅色、黑色等较成熟的色彩。例如户外运动爱好者比较喜爱鲜艳的色彩，这不仅是因为户外运动的冒险性，也是安全性所要求的。在众多的户外运动产品中，鲜艳的色彩是随处可见的，常见的如橙色、蓝色、粉绿色、红色等。图4-21所示为世界知名的始祖鸟（Arc'teryx）公司设计的小背包，采用色彩艳丽的绿色。一些小的部件则采用黑色来进行搭配。这样的色彩不仅展示了户外运动的冒险精神和运动激情，同时明度较高的色彩也在意外情况发生时，为自助和救援提供了可能的帮助。

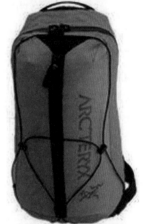

图4-21　Arc'teryx
Razo 20 kiwi背包

由于不同职业对色彩产生的喜好不同，这样对不同职业相关的产品、环境也形成了相应的色彩体系。例如在现代的办公设备中，产品的色彩设计上多采用无彩色系。这种色彩在性格上较为成熟、高雅、安静，比较符合众多的脑力劳动行业的心理特征。此外，这样的色彩也可以增强办公空间的统一感和次序感，使办公人员能集中精力工作。在工厂的生产车间、精密加工车间、装配车间、锅炉房、炼钢车间等，多数采用冷色来加强凉爽感、洁净感、统一感和程序感，有利于车间工作人员专注于各个工作环节，而不会因为过于刺激的色彩分散注意力和引起安全事故。红与绿、黄与蓝、黑与白等强烈对比的配色容易引人注目，常用于交通信号、安全标志，可以避免发生事故。另外，色彩重量感也可在生产中发挥效应。货物箱子用浅色粉刷，可以减轻搬运工人的心理上的重量负担。学校、医院等地方，需要安静平和，环境多采用明洁、平静的配色，能为师生、病员创造安静、清洁、卫生、幽静的环境，有利于师生的工作学习，也有利于病人以轻松的心理来接受治疗。

4．色彩社会心理效应

由于不同时代在社会制度、意识形态、生活方式等方面的不同，人们的审美意识和审美感受也不同，并且随着时代和社会的发展而变化。今天许多过去认为不和谐的配色却被重新定位为新颖和美的配色。这样所谓的反传统配色在装饰色彩史上的例子举不胜举。色彩的审美心理受社会心理的影响很大，时代的潮流、现代科技的新成果、新的艺术流派产生、重大社会事件的发生，甚至自然界某种异常现象都会对大众的心理产生影响。

20世纪60年代初，宇宙飞船的上天，开拓了人类进入宇宙空间的新纪元，这个标志着新的科学时代的重大事件轰动了世界，各国人民都期待着宇航员从太空中带回新的趣闻。色彩研究者抓住了人们的心理，发布了所谓"流行宇宙色"。这种宇宙色的特点是浅淡明快的高短调，抽象、单纯。由于工业的高速发展，产生了环境污染等问题，生态平衡遭到破坏。生态学理论兴起，出现了自然色调的理论。而在20世纪60年代中期，"光效应艺术"引起了西方观众的兴趣，这种艺术形式立即在欧美、日本的实用美术领域产生了很大影响，广泛应用在纺织图案设计、时装设计、商业美术设计、装潢设计以及城市规划、建筑设计等领域。

第四节　色彩的功能性和流行性

一、色彩的功能性

色彩的功能是指色彩产生的视觉效果及其对心理的作用。色彩依色相、明度、纯度和冷暖等的改变而千变万化，色彩间的对比调和效果更加千变万化。同一色彩或者不同色彩之间的对比与调和可以产生多种功能效果。为了在产品设计中更恰当地运用色彩及其对比的调和效果，使产品的设计表现与美化统一，外表与内在统一，使色彩与内容、气氛、感情等要求统一，使配色与改善视觉效能的实际需求统一；使色彩的表现力、视觉作用及心理影响最充分地发挥出来，给人的眼睛与心灵以充分的愉悦和美的享受，必须对色彩的功能作深入地研究。在设计中重视色彩物化性质和对人的心理和生理的作用，利用人们对色彩的视觉感受，来创造富有个性、层次、秩序与情调的色彩视觉效果，使设计结果事半功倍。

1. 色彩的情感联想性

色彩的情感联想是建立在对色彩的物理、生理与心理效应的基础之上，在此基础上形成丰富的联想、深刻的寓意和象征意义，传达出文化内涵、意象、心理感觉、价值取向等较为高层次的审美信息。人们的思维方式是受民族文化的影响和支配的。不同的社会、环境、知识层次，给人与人之间、民族与民族之间带来明显的联想差异。同时，人类也存在着色彩联想的共通性。色彩嗜好是人们对颜色的喜好和选择。这种嗜好不仅受到国家民族的影响，还受到兴趣、年龄、性格和知识层次的差别等的制约。同时，色彩嗜好还有很强的时间性，在一定的时期内会形成对某一些颜色的偏爱。

人们对不同的色彩表现出不同的好恶，常常是因人们生活经验以及由色彩引起的联想造成的，此外也和人的年龄、性格、素养、民族、习惯等有关。因而，产品要根据不同的功能、使用人群、使用环境等，参考色彩所产生的物理、生理以及心理作用来进行设计，这样才能最佳地传达出设计背后的文化情感特征。

2. 色彩的象征性

色彩设计在形式美中蕴涵着较为丰富的意境，并带有很强的象征性。例如中国古代建筑的红墙、黄瓦，表现了一种肃穆、神圣而崇高的意境。色彩的象征，往往具有群体性的认同，它是一个民族的历史与文化长期积淀形成的心理结构，往往与宗教意识、信仰习惯紧密联系。中国是色彩体系形成较早的国度，远古时期就运用色彩描述大自然的斗转星移、四季交替、日月晨昏等现象。"青，生也，象物生时之色也"，"赤，赫也，太阳之色也"，"黄，晃也，晃晃日光之色也"，"白，启也，如冰启时之色也"，"黑，晦也，如晦冥之色也"。从自然万物中获得了5种基本色相。五色又与五行中"金、木、水、火、土"有机联系。"五色之说"是以"五行"为基础，"五行之说"是建立在"阴阳互动"思想上的，也形成了中国传统的色彩观。

图4-22 ALESSI清宫系列厨房用品

ALESSI清宫系列厨房用品（图4-22）是意大利设计大师斯蒂凡诺·乔凡诺尼（Stefano Giovannoni，1954—）2007年的作品，乔凡诺尼以乾隆皇帝在《御制诗》里的身着朝服画像为其造型原型，并加入顽皮快乐的卡通元素所设计出的公仔娃娃，据此风格延伸出的清宫系列用品，如开瓶器、胡椒盐罐、定时器、蛋杯等众多设计，诙谐地展现出中国清代的服饰特点。

除了民族性和文化性的象征意义之外，色彩象征性还有一种特殊形式，那就是专业性，用颜色表示某种职业、物象特征的含义与用途。有多种色彩的专用性已跨越了国家与民族的界限，为国际社会所公用。如邮政业的绿色、医疗工作及医护人员的白色、消防车以及救援人员的红色与表示危险品运输的中黄色等。这些色彩及物象一旦在公共视觉中出现，立即会引起注意，从而产生相应的效应。在一定的视觉范围内，不同性质的物体用不同的色彩加以区分，使人一目了然，可以避免因颜色的单一或混乱而造成不必要的误会与损耗。色彩学家认为，色彩的这种象征作用是任何图形效果所无法达到或不可比拟的。

3. 色彩的环境特征

色彩除了以上的情感联想性和象征性之外，其环境特征也是十分明显的。设计的色彩会因地理环境、气候、文化背景等差异而不同。西方人钟情白色以及简单的色彩对比，多为冷色调；东方人偏爱黄色、红色以及对比素雅的色调；黑种人喜爱黑色以及色彩对比强而浓烈的色调。少数民族或者边远山区的人们，喜爱大红大绿等艳丽的颜色；城市居民由于快节奏生活与环境噪声的影响，易对强烈色彩的刺激产生疲惫感，因而偏爱淡雅、清新、明快、舒适的颜色。

在建筑设计中色彩的环境特征是非常明显的。由于地域、环境、气候的不同，我国南北两地的建筑色彩呈现不同的风格特点。以园林艺术中的建筑为例，北方园林建筑色彩多以红、黄、绿色搭配为主，色彩的饱和度极高，雕梁画栋，浓妆艳抹，色彩艳丽。究其原因，因为北方地处亚寒带，自然环境萧条，园林建筑的色彩鲜艳夺目，才能凸显其壮美。而江南地区，气候温和，常年植物茂盛、鲜花盛开，故建筑色彩以简洁著称。白墙、黑瓦、灰色的假山与红柱、碧水、翠竹、蓝天，构成了一幅高雅、鲜艳、幽明的画面。建筑内部的家居产品，也随着环境的差别而有很大的不同。江南地区的传统家具，多为深色或者木本色，或配以素雅的大理石装饰。图4-23所示为根据中国传统家具中的圈椅设计的一款酒店椅子，采用了木色上漆，色彩偏红，与中国传统的建筑相协调，充分展现了木质美感。而在高寒的青藏高原地区，藏式家具则采用了丰富、浓厚的色彩来彩绘装饰。

对同一种颜色，不同地区的人也有不同的联想，黄色在我国象征高贵，而在巴西则表示绝望；白色是我国葬

图4-23　圈椅

礼上的色彩，而在印度则象征吉庆等。设计师在设计中对色彩的选择，必须要充分考虑不同民族对色彩喜爱的差异，与当地民族习俗、宗教信仰保持一致，才会使人产生美感而不会产生误解。

一般来说，色彩的环境特征化设计，在迎合人们精神层面与视觉感受的满足之余，还应考虑不同地域、空间环境、文化背景等对色彩美感不同的审美享受。

二、色彩的流行性

除了色彩的心理和功能因素之外，还有其他的原因在影响着设计师的色彩运用，其中一个极普遍的因素便是色彩的流行性。流行色（Fashion Color）是指在一定的时期和地区内，被大多数人所喜爱的时髦色彩，即时尚的颜色。它是一定时期、一定社会的政治、经济、文化、环境和人们的心理活动等因素的综合产物。流行色是一种趋势和走向，其特点是流行快而周期短。今年的流行色明年不一定还是流行色，其中可能有一两种又被其他颜色所替代。流行色是相对常用色而言的，常用色有时上升为流行色，流行色经人们使用后也会成为常用色，它有一个循环的周期。

当某个时期，某些颜色成为当时社会的主流偏好，设计师设计新产品时，便不免会倾向选择那些流行色彩。国际流行色委员会（International Commission for Color in Fashion and Textiles）是世界服装与纺织面料流行颜色的最权威机构，专门研究色彩的趋势与潮流。每年，委员会对世界各地的流行色调加以研究分析，预测哪些颜色会成为国际流行色，提供给设计师参考。流行色广泛应用在纺织、轻工、食品、家具、建筑装饰、装饰设计等各个方面。现代的产品色彩经常受到时尚流行的影响。由于全球化使国际消费文化、时尚文化之间的交流日益频繁，使得消费者和设计师都深受流行文化的广泛影响。例如一年一度的法国时装发布会、每年的产品色彩趋势预测，都会使产品色彩设计的方向发生不同程度的改变。流行艺术文化在改变各地消费者的美学观念和消费观念的同时，产品设计师也在极力适应或跟随这种变化的趋势，及时将流行的元素注入产品设计中，并善于制造新的流行视觉焦点。比如苹果iMac糖果般的颜色就是一个例子，它和时尚一起唤起了人们对个性、多样化生活向往的潜在要求。

考虑产品的色彩方案，除了对产品地域性和流行性的影响适度的把握外，也不能忽略对影响未来的产品色彩趋势的其他因素的把握。其中，全球化、环境和科技是3个重点的方面。全球化在使世界各地销售相同品牌和功能的产品的同时，也有可能结合异地不同的色彩文化诠释新的产品色彩。环境生态是未来不可忽视的主题，而面向自然、蕴涵生机的纯净色彩，无时不引起消费者的心灵共鸣；而科技是未来最具革命性的影响因素，不断革新的色彩工艺和特殊效果，给未来产品视觉形象带来更大的想象空间。

1. 色彩流行的心理因素

人们对色彩的喜爱和追求是随着社会文化、科学进步的影响而演变发展的。色彩的流行被认为是"最具心理学特征的时尚现象"。人们对于色彩的偏好往往都有许多心理上的折射。而这些心理反应对应着人们生活世界中的一些大的事件或问题，并对社会时代风尚有着深远的影响，同时折射在人们的心理上。追求刺激、寻求变化、追逐时尚、完善自我，以达到身心的满足。这些心理的存在，当某一种或几种流行色满足了人们一时的审美心理需要之后，人们必然会产生新的需要，渴望色彩变化和创新，这就是色彩流行的奥秘所在。

经过第二次世界大战重创后，许多国家的人们流行穿着黑色和浅素色的服装；20世纪60年代经济回升，工业迅速发展，服装的流行趋势是重金属色；20世纪80年代环境污染严重，人们希望回归自然，于是出现了天空色、海洋色、植物色、泥土色。从色彩的流行变化中，可以看出色彩的流行趋势反映出社会发展的变革，是人们在精神上的一种希冀，是一个时期社会思潮、经济状况、生活环境、心理变化和消费动向的总体反映。

现在是飞速发展的信息时代，人的思想观念呈多元化发展，个人对流行色的模仿和追求，是以自由、随意，甚至是自发偶然地进行的。但就社会群体行为来说，流行色的立意和传播，则是可以认可、预测、导向的。作为设计师必须要了解昨天，认识今天，展望明天，依靠科学的市场调查和商品市场的变化规律来预测未来，进行预测分析，引导消费。

2. 色彩流行的社会性

流行色也是社会心理的一种产物。在人们的社会生活、政治经济中，存在着许多因素对色彩的流行产生着重要的影响，而这些因素在产品的色彩选择中是必须考虑的。

例如，全球变暖的问题，怎么做可以让"全球冷却"呢？人们对环境问题的观念在不断变化，而这种改变，会对政府决策以及商业行为产生影响。这些影响多来自大众对环境伦理问题的舆论压力，会改变一些社会的意识导向，从而也对产品设计中的色彩选择产生了影响。再者，经济与政治形式也对产品色彩设计产生着影响。如果国泰民安，经济气候良好，色彩多会为明亮、积极乐观的颜色。相反，若经济停滞，政局动荡，人们则倾向于使用保守和中立的色彩。

3. 色彩流行的时空性

人类生活在不断变化的自然环境中，一年四季，昼夜晨暮交替变化，构成自然界的季节。气候、温度、颜色、植物生长等因素变化，导致了客观环境色彩不断变化。不同的环境色彩造成人们在不同时期的色彩诉求。大自然的美千变万化，对人类有着很大的吸引力。

人们都有这样一种心理倾向——从众。被大多数人崇尚的事物，个人基本上也可以接受。就一般而言，对时兴的东西极端注意和极端不注意的人均属少数。譬如，中东的沙漠国家，因为绿色植被较少，几乎所有中东国家的国旗上都有绿色的标志；美国是个移民国家，种族较多，性情豪放自由，流行色的纯度偏高；德国人认真细腻，灰色系常成为他们喜好的颜色；亚洲人比较含蓄，在流行色的表现上亦是如此。

总的来说，色彩设计必须考虑到产品的销售区域、对象、季节以及流行预测等趋势。针对应用领域的实际需要，应用色彩学、配色原理、流行色，配合市场营销、经营策略、产品外观与色彩的整体设计相关的因素，构成产品的色彩设计。当今市场上众多的设计，正在急速地摆脱以往的单调色彩，而变得琳琅满目、丰富多彩。人们对色彩的要求，也已不仅仅满足于单纯的视觉功能的审美需要，而开始考虑功能与美感之间的关系，并受到材料、加工工艺、科技条件、市场销售、经济成本以及色彩流行信息等一系列因素的制约。

第五节 工业产品的色彩设计要求

工业产品色彩设计是一项系统工程，只有对产品色彩进行全方位的观察和理解，整合从美学要求到设计概念、市场营销、形象战略、流行趋势等各方面的因素，并进行策略化的管理和规划，才可能借助独特的色彩形象独领先机，赢得市场，使之成为提升产品设计竞争力的有效手段。

一、满足产品的功能要求

各种产品都有各自的功能特点，如产品的功能分区、产品的功能特点等。产品的色调设计必须首先考虑与产品功能需求相统一，可以让使用者简单快捷地掌握产品各方面功能的使用，这样有利于产品功能的充分发挥。

如果色调设计能充分体现出人机间的和谐关系，就能提高使用时的工作效率，减少差错事故，并有利于使用者的身心健康。因此，现在许多产品本身由于其功能要求都有一定的色彩要求，如消防车的红色基调，起到了很强的警示作用；医疗器械的乳白色、淡灰色基调，可以在一定程度上缓和平静病人的心情；机床的底座采用灰色调，给操作者以稳定的感觉。又如现代厨房电器色彩大多采用洁净、明快的颜色，白色和近似白色的灰色经常被使用，像电饭煲、饮水机等。这些都是基于产品的功能来选择色彩的。

图4-24所示为常见的救援工程车辆，除了满足实际使用环境所需的性能之外，色彩是其非常重要的组成部分。现在的救援车辆以及相关的救援装备包括服装、车辆、工具以及其他装备，多采用红色或者黄色。这是因为红色、黄色醒目具有较强的警示功能，在相关的救援活动中，能较明显地与周围的环境区别开来，可以使救援工作较少地受到人为干扰。其次在救援工作中能让被救援者较快地发现，提高救援工作的效率。而军用车辆根据使用的要求，需要则与救援工程车辆相反，根据使用场所而使用较为隐蔽的色彩，如草灰色、黄灰色，或者森林迷彩、沙漠迷彩等，便于车辆的隐蔽和增强作战能力。

图4-24　常见救援工程车辆

就产品本身而言，色彩设计除了满足使用功能，还应注意色彩与功能分区的配合。如一般机械设备都有一些信息显示仪表和操作控制件，为了使操作者易于辩读和引起注意，经常用红、黄、黑等颜色加以装饰，从而使这部分器件的功能得以充分发挥，并且要考虑产品的功能、所处的工作环境以及使用者的心理需求等，如使用率较高的部分不宜采用纯度和明度太高的色彩，纯度和明度太高易造成视觉疲劳，降低工作效率，在一些机械上还会增加工作的危险性。但过于灰暗单调的色彩也会导致使用者的心理及视觉疲劳。

图4-25所示为目前市场上热销的iPhone5c，其色彩从过去比较素雅的白色、银色、黑色、深灰色，发展到比较亮丽活泼的彩色，色彩的丰富为消费者提供了多款选择。此外功能分区的设计也非常到位，如图4-26所示的iPod nano系列，在功能分区上，使用了白色圆环将功能分区独立出来，不仅在色彩的形体面积上产生了有趣的对比，同时也使得功能操作更加简便易识。总之，色彩的功能性原则是产品设计色彩的重要原则之一，对产品功能的展示和使用起着关键的作用。

图4-25　iPhone5c

图4-26　iPod nano

二、产品色彩与使用环境的协调

虽然产品设计所构成的是物而不是空间，但是，产品需要在一定的场所即环境来实现其功能，因此它是物质性环境中所不可缺少的组成之一。如家具是室内使用及装饰的重要物件，必须考虑其设计与室内空间环境的协调因素；家用电器是家居环境中不可缺少的，则要考虑与不同的家居环境协调；电脑、打印机等办公设备是办公室所不可缺少的；交通工具不仅是户外环境中的重要构成之一，并且其内部还存在着重要的活动空间。所以在进行产品设计中，色彩的规划时，不能不考虑其与环境之间的关系，这就是产品色彩与使用环境的协调。

产品色彩设计的环境性协调，主要分为两种，一是物质性环境色彩协调，二是人文环境色彩协调。产品都有一定的使用环境，而这些环境多是客观存在的，产品使用的客观空间环境称为物质性环境。在产品色彩设计的时候，就得注意产品的色彩与使用环境的协调。以家具为例，在室内家具设计时，不同的室内环境，对家具色彩设计的要求是不同的，家具的色彩设计应视环境空间的大小而定。如放置在狭小空间的家具款式，色彩多采用明度较高的白色、米黄色、紫灰色、粉红、浅棕、木料原色等；或清漆蜡面，亚光处理，显得高雅、舒适、轻便、明快，起到扩大空间的感觉。放置于较大空间中的家具，可选用中明度高彩度的色彩，如橙红、中黄、翠绿、蓝色等，中国传统的红木家具，以深色调为主，给人以古色古香、稳重大方的感觉。

在寒冷环境中工作的工业产品多用暖色，以求给人以热的联想，产生温暖、兴奋的感觉，进而增强对产品的亲近感。同时以纯度与明度的补色相配，使对比效果增强，更显得活泼、热烈及富有人情味。对于在较炎热的条件下工作的设备又多采用明度高、纯度低为主的冷色调，从而产生清凉、沉静、安定的感觉。同时应注意明度与纯度的适度变化，使其达到自然明快的色感效果，使人宁静而理智。

图4-27所示为北欧地区最大的家居用品展Formland上的获奖作品，John Brauer设计的切菜板，用两种颜色区分肉和蔬菜。产品实际使用的场所多为厨房或者客厅，为了切合环境以及使用者的心理，采用了明度较高的色彩，展现出较为鲜艳活泼的特点。

虽然人们对色彩的感受有许多相似处，但是由于不同地区、宗教信仰、风俗传统、人口素质、民族性格、社会经济状况、社会制度等都有着差异，因此造成其对色彩的理解有一定的差

图4-27　John Brauer设计的切菜板

异。工业产品色彩设计应用要想获得成功，除了满足基本的功能需要之外，还要根据对不同地域、文化、民俗等人文环境来确定色彩的设计。

对色彩的喜好具有一定的区域性，各个地区的消费者都有其相对固定的色彩消费习惯，对产品色彩各有不同的需求。如英国人喜绿、蓝、金黄色，上流社会尤喜白色，平民喜茶色、褐色，厌红色、橙色；而中国人喜红色、绿色、黄色等鲜艳色及金色，不太喜爱白、黑、灰色；美国人较偏爱黄色，因为黄色代表思念，因此美国的商品常用黄色作为主色调。比如美国的柯达相纸包装采用黄色，麦当劳采用的是金黄色；而日本人则更喜欢淡雅的色彩等。所以针对不同国家和地区生产的工业产品，要特别注意其文化背景、色彩喜好和禁忌。此外，同一地区的不同年龄层次、不同文化背景的人群，对色彩的喜好也会有差异。例如一般来说中国中年人喜欢稳重、高贵、大方的色调，如深蓝、紫、红、灰绿、黑、金、灰等色；妇女喜欢粉红、橙、黄、白、红等色彩；年轻人喜欢活泼明朗的颜色，如绯红、樱桃红等以及一些中强对比的色调；而幼童则偏好明度纯度较高的色。

三、色彩的时代感要求

在不同的时代，人们对于色彩的要求也不一样。产品的色彩设计如果能考虑到流行色的因素，就能基本满足人们追求时尚的心理需求。流行色体现了某一时期内人们对某种色彩所产生的共同喜好，是时代潮流和社会发展的必然产物，它涉及心理上的满足感、刺激感、新鲜感、愉悦感，形成了人类生活的一个特征。如今，全球化使国际消费文化、时尚文化交流日益频繁，流行艺术文化在改变各地消费者的美学观念和消费观念的同时，设计师也应极力适应或跟随流行色的变化趋势。

因此，对于家居用品色彩设计来说，可以利用当时的流行色，使产品在市场中具有竞争力。但是一定时期内流行的色彩，很快就会被新的流行趋势所替代。因此更重要的是通过下一步市场预测，分析多数用户会喜欢什么样的色彩，从而设计这一色彩去满足用户的要求，决不能停留在现有产品的流行色彩上，而是要不断地创新。此外，流行色虽然有其极强的共性，但一定程度上仍受到地区、民族、文化、国家等特有因素的影响，而产生不同程度的差异和区别。在一个地区流行起来的色彩在另一个地区不一定就会流行起来。所以，流行色彩的应用只有在掌握其规律、特性的基础上，才能使之得以充分的发挥。

流行色的变化与发展，改变了人们的生活观念、生活态度、生活方式。随着社会经济条件的提高，人的意识有了相应的变化，追求新奇、跟随时尚、自我表现的意识不断被释放出来，行为中出现了流行观念和追求流行的倾向，流行色带给人们不断创新的意识、新的审美标准与消费标准。例如由于对时尚的追求，服装中最新的流行色彩在家居用品中也能很快地得以扩展和借鉴。

全球最大的涂料生产商阿克苏诺贝尔，每年都邀请来自世界各地、代表不同文化背景的专家聚集一起，推出一组富有创意的国际专家研究的色彩趋势。2009年底，阿克苏诺贝尔在上海发布了2010年全球家具色彩趋势，包括了七大主题，分别为共同分享、信手随意、色彩试验、自然本色、奇幻世界、异乎寻常和无拘无束。七大主题分别代表着不同意思。"共同分享"主题的色彩明快亮丽，引领积极向上的乐观心态；"信手随意"主题展现出现代社会柔软、真实和舒适的一面；"色彩试验"主题表现的是艺术与科学之间曾经明确的界限正在日渐模糊；"自然本色"主题给人以一种生态平衡与和谐地球的感觉；"奇幻世界"主题的色彩可以使房间变得更加宽敞明亮；"异乎寻常"主题呈现了丰富性与多样性；"无拘无束"主题以缤纷的色彩来拥抱势不可挡的乐观与欢乐。

图4-28所示为2010年米兰国际家具展上Tokujin Yoshioka为Moroso设计的Panna椅，Tokujin Yoshioka将Moroso纽约店变为惊奇迷人的如同漂浮空中一般的全白色空间——安静，云朵般。"白色在东方世界意味着精神、空间和思"。同时在2008年Established&Sons 在国际米兰家具展上的作品（图4-29），以木质本色和仿木色相结合，体现了回归自然的人文情怀，创建了人与自然和谐的空间气氛。

图4-28 Panna椅

图4-29 2008年国际米兰家具展作品

每年的流行色彩会对人们的产品设计产生重大的影响，引导着色彩设计的走向。而这种流行趋势还会扩展到人们生活工作的许多层面，势必对人们当前生活空间产生重大的影响。

四、色彩与材质的完美结合

在现代产品设计中，许多新兴的有机材料、铝合金、镁合金、不锈钢等材料与传统材料相结合，经过不同的加工工艺，如电镀、丝印、镭雕、电铸、蚀纹等的处理，带给消费者丰富多彩的心理感受。金属会使消费者产生冷峻、坚硬、现代等心理感受；塑料会使消费者产生轻便、价廉、时尚等心理感受；木质会使消费者产生温暖、朴素、怀旧等心理感受。这就要求设计师要根据消费者不同的心理需求，根据产品的不同的设计定位，在对不同材质工艺的性能进行深入地分析和研究的基础上，科学合理地加以选用，从而设计出具有不同情感价值的产品。图4-30为来自意大利Kartell的吊灯，它利用了浓艳的色彩与塑料或透明或光滑的材质结合，从而显示出或活泼或华丽的设计主旨。

同一色彩用于不同质感的材料效果相差很大，采用不同的加工工艺（抛光、喷砂、电化处理等）所产生的质感效果是不同的。如使用同一色彩的工程塑料（ABS）的产品外壳，由于表面的处理工艺不同，反映出的肌理色泽效果也是不同的。又如机械设备，根据功能和工艺的要求，对某些部件可采用金属本身特有的光泽，既显示金属制品的个性和自然美，也丰富了色彩的变化。因此，在产品配色时，只要恰当地处理配色与功能、材料、工艺、表面肌理等之间的关系，就能获得更加丰富多变的配色效果。材质和表面恰到好处的处理能够使人们在统一之中感受到变化，在总体协调的前提下感受到细微

图4-30 意大利Kartell的吊灯

的差别。颜色相近，统一协调；质地不同，富于变化。

家居用品色彩是通过物质材料和物质技术手段来实现的，所以色彩在家居用品上的运用必须考虑家具材料或涂料所能表现的色彩变化和施工技术的因素制约。图4-31所示为2012年国际米兰家具展上的作品，形态温驯可爱、安静。在色彩上利用了金属支架的冷与绿色皮革的暖相互对比，加之以简洁圆润的线条，精致的工艺营造了日本设计的禅意，同时体现了都市生活的求简出新，从喧嚣和高速中寻求安静的休息空间。

图4-31　2012年国际米兰家具展作品

家具的色彩设计，在具体技术上主要涉及家具材料的用色问题。透明涂饰技术将家具的材料木色表现出来，既可起到保护家具的作用，又要体现家具材料的自然美；不透明涂饰技术则可运用技术手段改变材料的色彩特征，使其在更大程度上发挥色彩的造型功能，以满足家具表面装饰的需要，使家具色彩设计更加美观、丰富多彩。所以家居用品色彩设计有时要受到技术条件的制约，有时又可以利用先进的工艺技术来美化装饰效果。

美国苹果公司设计的iMac电脑（图4-32），材料使用聚碳酸酯，表现出的良好的透明度与着色性，将机体内部构件显现，产品外观新颖，色彩多样，使台式机的结构更加素雅、简洁。同时聚碳酸酯色彩清晰度好、加工工序简单、抗撞击性非常好，可以提供全透明、半透明与不透明的外观效果，可回收、无毒性。已经广泛运用于众多的产品设计制作中，如数码产品、眼镜、光盘盒、厨房用具、建筑玻璃窗、手机壳体、

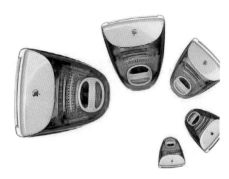

图4-32　iMac电脑

自行车坐垫等产品。因此在设计中要恰当地运用材质的特性，使用不同的处理手法，产生丰富多彩的色彩效果，为人们的产品设计带来更多的个性化和多元化。

现代产品不仅具有功能品质，还具有审美品质、文化品质等，这与色彩的功能是紧密相关的。在产品设计过程中，色彩设计是非常重要的一个环节，产品色彩处理的好坏，直接影响到产品的最终效果，运用恰当的话可以弥补产品外形设计中的一些不足，使之更加完善，赢得消费者的青睐。反之，如果色彩处理不当，不但破坏产品整体美感，还会影响产品功能的发挥，使人出现一些枯燥、沉闷、冷漠，甚至沮丧等不良情绪，降低工作效率。

产品设计中色彩相对产品样式来说更加多变，且成本较小。同一产品不同的色彩能造就完全不同的视觉效果，对色彩的恰如其分的使用可以带来良好的效益。多变的色彩特性可以使得产品更加个性化和时尚化。产品的色彩设计应是整个产品研制工作的组成部分之一，因此色彩设计从产品设计的一开始，应遵循产品色彩设计的原则，使用产品色彩设计的方法，使产品的色彩与功能取得高度统一，充分发挥色彩的作用，使色彩在提高产品附加值、提升品牌形象和提高企业经济效益的同时，满足人们对产品物质与精神层面的需求。

在物质文明和精神文明高度发展的今天，人们的主体意识逐渐增强，人文关怀成为当代

设计必须面对的问题，因此产品色彩设计也在逐渐回归自然本质和体现人文精神。从产品色彩设计的相关理论中可以发现，色彩设计是为了使产品的功能与使用者的生理和心理需求取得全面的适应；使产品色彩与人文环境、物质环境相协调，满足人们对色彩的流行性等时尚的追赶。这就要求设计师从最基本的色彩理论出发，充分考虑人机工程学、审美需求、环保生态、社会的不同文化背景、不同消费者的个性特点。通过产品色彩设计建立新型的人与自然的和谐共生关系，创造更加宜人、悦目且更具有丰富内涵的工业产品。

第五章 产品CI战略设计

第一节 CI的涵义与构成要素

一、CI的涵义

CI也称CIS，是英文Corporate Identity System的缩写，直译为企业（团体）统一化系统，指企业形象的识别系统，是将企业经营理念与精神文化，运用整体传达系统（特别是视觉传达设计），传达给企业体的关系者或团体（包括企业内部与社会大众），并使其对企业产生一致的认同感与价值观。

CI是一项具有创造性的庞大的系统工程，是经济学、心理学、美学、设计学和社会传播学等多种学科与现代企业管理理论有机结合的综合性战略体系。从运作角度来说，它几乎涵盖了企业经营发展的全过程，因此也称它为CI战略。

二、CI构成要素分析

CI内容由三大构成要素组成，即理念识别系统、行为识别系统和视觉识别系统。

1. 理念识别系统（MindIdentity System，简称MI）

理念识别是指企业的经营理念、经营方针、经营宗旨，是企业识别系统中构想的中心基础框架，是企业经营哲学和企业精神的结合体，包括企业文化、企业道德、企业伦理等。它包括三个方面的具体内容：一是企业使命，它是构成企业理念识别中最基本的出发点，确定"要做什么"是企业行动的原动力；二是经营思想，指企业依据何种思想、观念来进行经营的，回答"如何去做"的问题；三是行为准则，它是企业内部员工在涉及企业经营活动的一系列行为的标准、规则，体现了企业对员工的要求。

理念识别是CI的最高层、决策层，是CI战略的灵魂。它是企业经营活动的思想导向、行动规范，又是企业员工的激励力量。它使员工产生信赖感、可靠感和归宿感。它把员工和企业紧紧联系在一起，形成员工与企业"同舟共济"、"生死与共"的信念，领导决策层的意图变成员工的直接行动，去实现企业的更大发展。

在国际市场上，许多企业为了在竞争中求得生存和发展，都制定了本企业的口号，以反映企业的理念，显示企业使命、经营观念和行为准则。这些口号言简意赅，体现了不同企业的不同特点，起到一种识别的作用。例如美国IBM公司："IBM就是服务"；麦当劳："顾客永远是最重要的，服务是无价的，公司是大家的。"；北京西单购物中心："热心、爱心、耐心、诚心"等。企业理念在企业内部带来了一场革命，通过确立正确的企业理念来协调企业发展目标和员工个人发展的关系，从而提高企业的竞争能力。

2. 行为识别（Behaviour Identity System，简称BI）

行为识别是指企业在其经营理念的指导下，形成的一系列经营活动。它是CI战略的活动规范，根据传播性质与渠道分为企业对内与企业对外的行为识别。企业内部的行为识别包括两个方面：企业内部组织传播与组织行为规范。企业内部组织传播主要是将已确立的CI理念普及、推广，使CI理念价值共有化，通过这种共有化使企业产生凝聚力，焕发企业新貌。组织行为规范是在广大员工中贯彻CI一体化的行为规范，使企业员工的行为成为CI系统精神的表现与生活的传播符号。企业对外的行为识别主要是企业作为一个行为组织的整体，向外有计划地举行的CI系统化的公关活动。它是传达企业理念，增强企业文化对消费者思想的渗透力，以达到获得大众认同企业形象之目的。

3. 视觉识别（Visual Identity System，简称VI）

视觉识别系统是一种将企业的经营理念、企业价值观，通过静态的、具体化、视觉化的传播方式，有组织、有计划、准确地、快捷地传送出来。也就是使企业的精神、思想、经营方针等主体性内容转换为具体可见的视觉符号，使社会公众能一目了然地掌握所传达的信息，达到识别目的。视觉识别可以分为基本要素和应用要素两大部分（图5-1）。

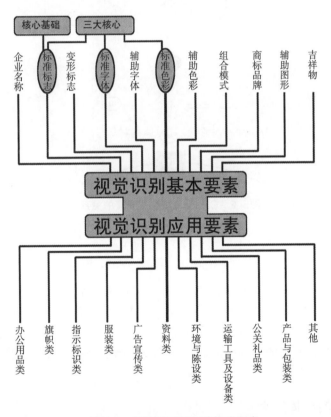

图5-1　CI视觉识别系统构成要素

企业视觉识别的基本要素主要包括：企业名称、标准标志、商品标志、标准字体、广告语、企业标准色彩系统、吉祥物、印刷媒体版面的编排模式统一设计等。

企业视觉识别的应用要素主要包括两大类：一是属于企业固有应用媒体，如办公用品类、徽章类、旗帜类、指示标识类、员工服装类、企业交通运输工具类等。二是配合企业经营的应用媒体，如产品包装类、公关礼品类、造型设计类、广告宣传类、促销广告用品类、企业建筑、环境与陈设类等。

视觉识别的作用在于通过可见的视觉传播媒体，形成对企业特性的强烈印象，不仅可以反映出企业的整体形象，而且可以通过视觉识别系统，强化消费者对企业形象的认识，有利于树立良好的企业形象。

在CI识别系统的构成要素中，理念识别、行为识别、视觉识别三者之间相互联系，逐级制约，共同作用，自成系统，因而统称企业识别系统（CI）。如果把企业CI识别系统比喻成一棵大树，其中理念识别（MI）是源头和基础，是企业的"根基"，行为识别（BI）比喻为企业的"传输系统"，视觉识别（VI）是外在的展示，比喻为"枝叶"，这种比喻形象地说明了三者之间的关系，如图5-2所示。

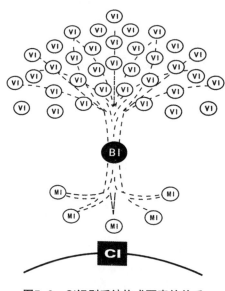

图5-2　CI识别系统构成要素的关系

第二节　CI战略的策划和导入

企业导入实施CI战略需要有科学合理、系统完整的策划作为实际工作的指导方针。将CI战略的基本理论与企业特殊的具体现状相结合，总结凝练出适合于该企业特点的运作目标、运作程序和运作方法。由于CI战略的项目内容庞大而复杂，在策划过程中既要有宏观全面的整体策划，又要有局部具体的个别项目策划，因此，全面了解并把握CI战略的策划内容和策划方式，具有重要的意义。

一、CI战略的总体策划

整体策划是对CI战略的总体概念、总体动作程序及各项目内容进行全面统筹规划创意的过程。它由启动伊始的CI战略提案和运行当中的总概念策划案构成。

CI战略提案是专业策划公司或企业的策划部门向企业决策层提交的关于CI战略导入实施的预想型计划方案，包括以下几个要点：

① CI战略的基本理念、作用和意义；

② 提案的目的和企业必须导入CI的理由与背景；

③ CI战略运作的预订方针和运作内容；

④ 导入实施的作业流程和计划表；

⑤ CI战略策划、导入、实施的总投资预算；

⑥ 文案后附调查参考资料。

概略性调查虽然笼统简单，却是直接客观的参考资料，具有较强的说服力，特别对于"导入理由"及"提案目的"的阐述有很大帮助。提案的重点在于"CI战略运作的方针和运作内容"的部分，作为解决问题的方法，有针对性地依据提出的理由和预想目标，运用CI战略的基本理论，予以分析解决。CI战略运行当中的总概念策划案在运作内容的安排方面，应充分考虑企业的实际现状，有倾向性地合理配置有关项目，不可追求面面俱到。

二、CI战略个别项目的策划

个别项目策划是根据提案所规定的导入实施程序中的各个重要环节进行规划组织创意的过程。它可以是某个大项目的综合策划，也可以是该项目中各个小项目的具体策划，一般来说，根据该企业的规模和导入实施CI战略的规模来定，规模小的战略体系，可以将小项目融入大项目中一并策划完成。项目策划包括：调查体系的策划、实施机构的组织策划、设计系统的策划、活动系统的策划。

CI战略构成要素中的视觉识别系统，其个别项目与工业造型设计较为密切，包含：

1. 标志设计

标志是企业与商品的识别符号，是CI战略系统的核心基础。标志的设计不仅要传达出企业的理念、经营的内容、产品的特性等信息，而且要具有强烈的视觉冲击力和时代感。由于标志具有特殊的重要意义，所以在开发过程中，对此项要进行重点设计。根据标志所代表内容的性质，以及标志的使用功能，可将标志分为四种类别，分别为：

A：地域、国家、党派、团体、组织、机构、行业、专业、个人类标志，如图5-3所示。

B：庆典、节日、会议、展览、活动类标志，如图5-4所示。

C：公共场所、公共交通、社会服务、公众安全等方面的说明、指令类标志，如图5-5所示。

图5-3　标志A

图5-4 标志B

环岛行驶

单行路（向左或向右）

步行

单行路（直行）

鸣喇叭　　最低限速　　干路先行　　会车先行　　人行横道

图5-5 标志C

D：公司、企业、商品、商业服务、餐饮等企业类标志，如图5-6所示。

其中 A、B、C 一般为非商业类标志，D由于涉及商品的生产和流通活动，属于商业类标志。

2．标准字体设计

标准字体是根据企业名称、品牌名称等精心设计的。标准字体与普通常用字体有很大的差别，它强调整体的风格和个性的形象，追求创新感、亲和感和美感，传达企业的性质和商品的特征。字体笔画、结构法则必须按照国家颁布的汉字简化标准，力求准确规范，易读易懂。如图5-7所示。

3．标准色彩设计

标准色彩是企业理念的象征，它与企业标志、标准字体等基本视觉要素一起形成完整的视觉系统。因此，企业标准色彩应表达企业性质、企业理念、组织机制、营销管理等方面的个性差异，避免与竞争对手混淆。企业标准色彩一般按照国际标准色或印刷色（CMYK）来设定。企业标准色使用不宜过多，通常不超过三种。在应用时，可配置以辅助色来创造效果。如图5-8所示。

图5-6 标志D

工业产品造型设计

图5-7　标准字体　　　　　　　　　图5-8　标准色彩

第三节　产品形象的CI战略

一、产品形象的内涵

1. 产品形象的定义

产品形象是为实现企业的总体形象目标的细化，是以产品设计为核心而展开的系统设计。把产品作为载体，对产品的功能、结构、形态、色彩、材质、人机界面以及依附在产品上的标志、图形、文字等，客观、准确地传达企业精神及理念的设计。对产品的设计、开发、研究的观念、原理、功能、结构、技术、材料、造型、加工工艺、生产设备、包装、装潢、运输、展示、营销手段、产品的推广、广告策略等进行一系列统一的策划、统一设计，形成统一的感官形象，也是产品内在的品质形象与产品外在的视觉形象和社会形象形成统一性的结果。围绕着人对产品的需求，更大限度地满足个体消费者与社会的需求，而获得普遍的认同感。能够起到提升、塑造和传播企业形象的作用，使企业在经营信誉、品牌意识、经营谋略、销售服务、员工素质、企业文化等诸多方面显示企业的个性，强化企业的整体素质，造就品牌效应。

2. 产品形象的构成

产品形象是由产品的视觉形象、产品的品质形象和产品的社会形象三个方面构成的。其中产品的品质形象是核心层。如图5-9所示。

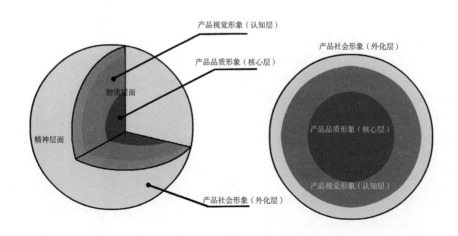

图5-9　产品形象的构成

二、产品形象的地位及对企业发展作用

1. 产品形象的地位

（1）产品形象在企业战略中的地位

产品形象是企业形象的重要组成部分，是企业在特定的经营与竞争环境中，设计和塑造企业形象的有力手段，由此决定了其基本功能是通过各种传播方式和传播媒体，通过产品形象将企业存在的意义、经营思想、经营行为、经营特色与个性进行整体性、组织性、系统性的传达，以获得社会公众的认同、喜爱和支持。

（2）产品形象在企业识别中的地位

在企业运营过程中，产品形象战略能够随时向企业员工和社会公众传递信息，为人们提供识别和判断的信号。在产品形象战略产生之前，这种传递是自发的、随机的和杂乱无章的。但随着产品形象战略的导入和实施，使企业信息传递成为一种自主、有目的、有系统的组织行为，它通过特定方式、特定媒体、特定内容和特定过程传递特定信息，把企业的本质特征、差异化优势、独具魅力的个性，针对性极强地展现给社会公众，引导、教育、说服社会公众形成认同，以良好企业形象获取社会公众的支持与合作。

（3）产品形象在企业协调中的地位

产品形象战略的导入产生两方面重要的协调功能：从企业内部关系协调看，共同的企业使命、经营理念、价值观和道德行为规范，创造一种同心同德、团结合作的良好氛围，强化企业的向心力和凝聚力，产生强烈的使命感、责任感和荣誉感，使全体员工自觉地将自己的命运与企业的命运联系在一起，从而生成一种坚不可摧的组织力量，为推动企业各项事业的发展提供动力源；从企业外部关系协调看，塑造良好的企业形象的实质是企业以社会责任为己任，用优质产品和服务以及尽可能多的公益行为满足社会各界及大众的需要，促进经济繁荣和社会进步。

（4）产品形象在企业传播中的地位

良好企业形象不是自发形成的，它依赖于企业长期有目的、有计划、有步骤、有措施的传播与塑造，它是一个完整而复杂的系统工程。产品形象战略的实施，充分发挥企业信息的传名播誉的作用，它通过科学的传播定位、统一性的传播方式与媒体精心设计的传播内容、系统性的传播手段、恰如其分的时空选择以及合理的传播频率与强度，将反映企业本质特性和竞争优势的信息，准确无误地传递给社会大众，在提高企业的知名度、美誉度中发挥其它因素难以产生的巨大作用。

2. 产品形象对企业发展的作用

① 良好的产品形象有助于企业形象的建立；

② 良好的产品形象有助于增强企业的凝聚力；

③ 良好的产品形象有助于提高企业的竞争能力；

④ 良好的产品形象有助于企业获得社会效益；

⑤ 良好的产品形象有助于提高企业管理水平。

三、产品形象的发展趋势

1. 产品形象的非物质发展趋势

（1）产品形象是形成精神财富的因素

在可持续发展、绿色设计、绿色经济、非物质全球化过程中，产品形象以自己独特的方

式推动企业的发展。全球化迫使国内市场和国内经济以缓慢但稳定的步伐向全球一体化迈进。在全球企业中，全球化推动了人们经验、才智、信仰和情感的统一，不同的国家，不同的语言，不同的文化，也被紧紧地聚集在一起。

（2）产品形象成为企业无形资产的因素

产品形象成为建立和维护企业信誉的一种有效手段。一方面，产品作为有形的物质部分，满足人们对物质需求的基本要求；另一方面，产品形象也影响和左右着人们的生活态度和价值取向。

建立产品形象信誉和价值将是形象经济的一项重要工作，企业将不得不用更多精力来管理这些无形资产。通过产品形象建立在消费者的心目中对企业的信任度，使企业不断创造出持久的经济价值。另外，产品形象的力量呈现出独有的特征——形象无处不在、无处不显，并且它改变着个人和企业的生活模式，如图5-10所示。

图5-10　产品形象应用

2．产品形象是经济发展的驱动力

（1）产品形象为形象经济内涵作导向

形象经济不单单是影响人们去买什么，它还能帮助引导人们的感觉和行为方式。产品形象作为企业的个性标志，通过传播、流通、购买、使用，使人们乐意去接受产品形象的影响，形成某种持久的价值观念，是实现个人理想的物质体现。形象对于人们改善生活具有刺激作用，人们不只是从功能角度去选择产品，同时也会从形象角度去选择产品。因而，拥有某种产品品牌被看成是判断人们自身进步的标志，成为人们向外部世界展示自己的一个重要方面，因为他们需要展现他们所希望的某种风格形象。

产品形象与社会相互影响，产品形象创造内涵是因为它们是社会发展的标志，人们不只是因为喜欢才选择产品，而是在自觉和不自觉中出于享受和欣赏的需要。因此，受形象驱动的产品将作为社会经济发展的重要物质基础的标志。

（2）产品形象作为形象经济驱动全球经济发展

形象经济的发展跨越了国家、区域的界限，形成共同的利益关系。"形象"被誉为世界经济发展的增长引擎，全世界的人们都将在品牌上花费更多的时间、资源和更多的精力，而形成形象经济的输出部分，消费者的信任将使品牌得到优先选用，品牌忠诚成为消费者联结的纽带并带来重复的消费。

第四节　CI战略实例解析

一、可口可乐（Coca-Cola）

1886年，美国创造了可口可乐饮料。它凭借独特的口味，通过营销战略和广告战略为主的市场活动，很快在全球饮料市场上占据了一席之地。1965年公司就可口可乐更新产品形象顺应时代发展问题，策划了对世界饮料市场影响至深的"阿登计划"。

该计划为塑造可口可乐产品新形象而设定了如下目标：

① 针对消费者，使其认识到饮用可口可乐的价值感；

② 使可口可乐成为口味俱佳、家喻户晓的饮料；

③ 消费对象以年轻人为主，塑造"年轻的歌手"的崭新形象；

④ 迅速将新的产品形象在消费市场中建立起来。

经过周密的市场调查，确定了以创造全新的视觉形象系统来执行"阿登计划"的战略方案，将可口可乐原有的视觉四大要素：coca-cola的书写字体，coke的品牌名，红色的标准色和独特的瓶形予以标准化和象征化，设计出具有时代感的新的标志。如图5-11所示，在红色正方形外框中央配置coca-cola书写体或coke的标准字，把瓶形轮廓的曲线以流畅抒情的流动线条引入，并强调红色与白色对比所形成的视觉冲击力。

图5-11　可口可乐公司标识的新形象

可口可乐的成功在于以视觉识别系统的更新创造来带动整个企业的发展，对于拥有资深经营历史的老企业来说，是企业重新定位，并力图使企业自身得以新生的典范事例。此外，专业策划公司较为自主地全权负责策划设计流程，这种由外界独立运作的模式，也是美国CI的一大特色。

二、麦当劳（McDonald's）

麦当劳是世界上最大的快餐乐园，在65个国家和地区设有大约13000家餐厅。

麦当劳的创始人在创业初期就设定了它的经营信条：向顾客提供高品质的产品，快速准确友善的服务，清洁优雅的环境并做到物有所值。概括起来就是品质、服务、清洁、价值。这一经营信条持之以恒地落实到每一项具体的工作和每一位员工的行为之中，并且彻底实施到世界各地的麦当劳连锁店。麦当劳的经营理念，渗透到整个经营组织结构之中，并推出具体的企业行动。

在视觉识别方面，麦当劳采用"M"的变形为标志，如图5-12所示。弧形、圆润的字形配以金黄色，像两扇打开的黄金拱门象征着欢乐和美味。在任何气候和地域，它明亮的色彩和见解独特的标识都以辨识性很高的形象存在。作为麦当劳象征的"麦当劳大叔"，以和蔼可亲的笑容，人格化地表达着"麦当劳永远是大家的朋友"的心愿。

图5-12　麦当劳标志和麦当劳大叔

麦当劳的CI战略是把企业理念贯穿于整个经营发展过程之中的综合性战略体系，它突破了单纯追求视觉识别设计的美国型CI模式，是非常优秀的CI战略运作范例。

三、海尔（Haier）

海尔商标的演变是海尔从中国走向世界的见证。

海尔创业刚起步时，电冰箱生产技术从德国利勃海尔公司引进。当时双方签订的合同规定，海尔可在德国商标上加注厂址在青岛，于是海尔便用"琴岛——利勃海尔"作为公司的商标（琴岛，青岛的别称）。随着企业品牌声誉的不断提升，原商标中的地域性影响了品牌的进一步拓展，于是过渡成为"青岛海尔"。

随着企业进军国际化市场步伐加快，海尔集团将产品品牌与集团名称均过渡到中文"海尔"，并设计了英文"Haier"，新的标识与国际接轨，设计上简洁、稳重、大气，广泛用于产品与企业形象宣传中，如图5-13所示。

2004年海尔集团开始启用了新的海尔标志，新的标志由中英文（汉语拼音）组成，与原来的标志相比，新的标志延续了海尔20年发展形成的品牌文化，同时新的设计更加强调了时代感。

英文（汉语拼音）每笔的笔划比以前更简洁，共9画。"a"减少了一个弯，表示海尔人认准目标不回头；"r"减少了一个分支，表示海尔人向上、向前决心不动摇。英文（汉语拼音）海尔新标志的设计核心是速度。因为在信息化时代，组织的速度、个人的速度都要求更快。

风格是：简约、活力、向上。英文（汉语拼音）新标志整体结构简约，显示海尔组织结构更加扁平化，每个人更加充满活力，对全球市场有更快的反应速度。

图5-13 海尔标志演化

汉字海尔的新标志，是中国传统的书法字体，它的设计核心是：动态与平衡。风格是：变中有稳。这两个书法字体的海尔，每一笔，都蕴涵着勃勃生机，视觉上有强烈的飞翔动感，充满了活力，寓意着海尔人为了实现创世界名牌的目标，不拘一格，勇于创新。

海尔在不断打破平衡的创新中，又要保持相对的稳定，所以，在"海尔"这两个字中都有一个笔划在整个字体中起平衡作用，"海"字中的一横，"尔"字中的一竖"横平竖直"，使整个字体在动感中又有平衡，寓意变中有稳，企业无论如何变化是为了稳步发展。从"琴岛—利勃海尔"到"青岛海尔"再到"海尔"，从商标的演变可以看出海尔塑造产品形象、逐步走向国际化品牌的发展历程。

第六章　人机工程设计

工业设计并非是一项随心所欲的艺术活动，而是一门基于科学、解决问题的实用专业。造型的目的也并不是为了让设计师们"艺术地"表达自我，而是以人为中心发现问题、解决问题，满足人的需求，创造更好的生存和生活方式。

人机工程设计作为一门技术科学，是工业设计专业的基础课程。人机工程设计与产品设计关注的焦点都是人与物的关系，都是基于人的生理、心理体验以及人与产品交互关系展开的设计和研究。随着社会经济水平的提高和科学技术的进步，人们对产品的可用性、易用性以及情感需求等方面有了更高的要求，古老的设计方式已经不能适应社会化批量大生产的需要。解决这一系列的问题应该有更严谨和科学的方法，这要求设计师对系统中的"人"有科学的、全面的了解，人机工程设计正是这样一门关于"人"的学科。

尽管工业设计不是一门完全的科学，但是这并不妨碍利用人机工程设计的科学来发展设计。

第一节　概　述

一、人机工程设计的历史

人机工程设计关注的焦点是人与机（人造物）的交互关系。对大多数人来讲，"交互"这个词多少有点生僻。事实上，交互指的是人与一切事物和环境的互动过程，在原始社会，与人交互的对象是树木、陶器、大自然，随着人类社会的演进，交互对象的范围也在不断扩展，每个时代都有属于自己的主流交互对象。

系统地研究人机交互关系问题则是20世纪40年代以后的事情了。直到1960年以后，人机工程设计在发达国家才逐渐迅速发展起来。

1. 人机交互关系的演变

任何事物的发展都取决于事物的内部矛盾。人机工程设计的起源首先来自于人和机器之间的矛盾，或者说人和人造物的矛盾，其本质是不同历史阶段人类对自身和机器（人造物）研究的不平衡造成的。

人与机（人造物）交互关系的演化经历了三个发展阶段，见表6-1。在漫长的人类利用自然和改造自然的发展进程中，人与机的交互关系此消彼长，而主要推动力则是科学技术的飞速发展，它造成了人与工具发展的不平衡，进而产生了各个时期人与人造物之间的矛盾。

表6-1　人机交互关系的演变

历史时期	人造物的特点	人的地位	人与人造物的交互关系
石器、青铜和农耕时代	手工工具	主动	柔性：人决定工具的设计质量
工业时代	具有动力和计算能力的机器	被动	刚性：人适应于机器
信息时代	智能化的数字产品	互动	弹性：人机互适

从历史的角度研究人与机交互关系的演变，有利于在智能化、非物质化的产品趋势下对日益复杂的人机交互问题追根溯源、层层深入，从而实现人机系统的优化设计。

2．人机工程设计发展简史

人机工程设计是20世纪40年代后期发展起来的一门技术科学。英国是世界上开展人机工程研究最早的国家，在第一次世界大战期间已经成立了工业疲劳研究所，研究如何减轻疲劳、提高工效。但人机工程设计的奠基性工作是在美国完成的，继而欧洲许多国家也展开了人机工程研究。

总体上，可以将人机工程设计的发展划分为以下四个阶段。

（1）人机工程设计的萌芽

早期人机工程设计的出现，与18世纪末19世纪初工业革命带来的技术革新密不可分，技术发展引发了人、机关系失衡，造成人机矛盾加剧。将人与机的交互关系进行系统的研究是从几个重要学者开始的，自从有了系统的研究，才有了人机工程设计的萌芽。

19世纪早期，吉尔伯瑞斯夫妇（FrankGilbreth和LillianGilbreth）开始研究时间动作和科学管理，他们被称为人机工程设计的先驱。研究内容包括技能作业、疲劳研究、工作岗位设计等。例如，通过对外科医生手术过程的时间动作研究，发现主刀医生用于寻找手术工具与观察病患同样耗费时间，这显然是低效的工作方式，因此提出了为主刀医生配一个辅助的医生以提供手术工具的方法，这样的手术方式一直沿用至今。除了早期的吉尔伯瑞斯夫妇的系统研究，还有泰勒（W.Taylor）和邱斯特伯格（H.Munsterburg）等学者对早期人机工程设计的出现做出了贡献。如泰勒著名的铁锹实验，通过对人与工具的匹配问题进行科学系统的实验和分析，实现了工作效率的提高，建立了基于研究的人机工程分析和设计方法。邱斯特伯格则于1913年建立了一个心理学实验室，专门研究人员挑选和培训，以便"让合适的人从事合适的工作"。

早期的人机工程设计侧重于挑选合适的人以适应工作或者通过人员培训的方法让人适应于机器或工作，但并没有明确地提出"使机器适应于人"的思想。

（2）人机工程设计的诞生

人机工程设计诞生于1945～1960年之间。随着第二次世界大战中更多复杂机器的投入使用，即使挑选最合适的人员、进行最好的培训，对于复杂机器的操作仍然超出了人的能力限制，是时候考虑让机器适应于人了。而"使机器适应于人"思想的提出标志着人机工程设计的诞生。

第二次世界大战之后，人机工程设计的相关机构和部门纷纷成立。1945年美国空军和海军建立了工程心理学实验室，1949年英国人机工程设计学会成立，1955年美国人因工程学在美国加州成立，同年人机工程设计杂志出版。1959年，国际人机工程设计协会成立，成为不同国家和地区人机工程设计研究团体的枢纽。至此，人机工程设计得到了学术界，特别是军事领域的广泛认可。

（3）人机工程设计的迅速发展时期

1960～1980年的20年间是人机工程设计的迅速发展时期。人机工程设计的研究和实践从军事和航天领域迅速扩展到工业的各个领域，如在医药、计算机、汽车等消费品行业，人机工程设计在各公司都占有一席之地。工业领域开始意识到了人机工程设计的重要性和贡献，但是对20世纪80年代的普通人来说，人机工程设计还是一个陌生的词汇。

（4）1980年以后的人机工程设计

1980～1990年是不同寻常的10年，人类在技术快速发展中受益。特别是计算机科学的飞跃发展，为人机工程设计专业的发展提供了新的机遇和挑战，使其成为了公众的焦点，并开始出现专门研究人与人造物（计算机）互动关系的分支——人机交互（HCI：Human-Computer Interaction）。人机交互认为软件设计应当从用户需求和目标出发，符合用户的生理和心理需求，使产品成为辅助用户愉快、高效完成任务的工具，而不是让用户成为产品的"奴隶"。由此人机交互、人机界面、可用性研究等成为人机工程研究的新领域。"以用户为中心"（User-centered design）的设计理念也在20世纪80年代提出，并迅速在软件设计领域得到认同。在"以用户为中心"设计理念发展过程中，人类工效学（人机工程设计）、认知心理学、动机心理学、社会学等学科先后填充进来。人机工程设计成为一个将"以人为本"作为核心价值理念的工程学科。

20世纪90年代以后，人机工程设计继续向着人—机—环境系统研究的方向蓬勃发展。作为一门完整的学科体系，它的理论和实践不断扩展到生活的方方面面，特别是医疗器械和老年人产品设计等领域，当然它们还有更大的发展空间。

3. 我国的人机工程设计发展

我国最早的人机工程设计研究可追溯到20世纪30年代，起步的领域是工业心理学和工程心理学。直到20世纪80年代前后，军事和国防领域的单位才纷纷成立工效学或者工程心理学的研究机构，展开深入和系统的研究工作。1980年4月，国家标准局成立了全国人类工效学标准化技术委员会，统一规划、研究和审议全国有关人类工效学的基础标准的制定。1984年，国防科工委成立了国家军用人—机—环境系统工程标准化技术委员会。这两个技术委员会的建立，有力地推动了我国人机工程设计的发展。此后在1989年又成立了中国人类工效学学会，1991年1月正式成为国际人类工效学协会的成员。

近年来，我国人机工程设计发展尤为迅速，相关的设计和研究越来越受到设计界和教学研究部门的关注，研究和实践已扩展到工农业、交通运输、医疗卫生以及教育、体育等各个部门，受到了市场和公众的欢迎。相信人机工程设计会在越来越多的发展中国家扮演更重要的角色，发挥更大的价值。

在工业设计领域，人机工程设计的发展几乎与设计的发展是同步的，这成为我国人机工程设计发展的特色之一。

二、人机工程设计的定义

1. 学科命名

由于不同的国家和专业对该学科的研究侧重点不同，所以命名也不一致，但是学科体系都大同小异。在工业设计领域一般沿用"人机工程设计"这个名称，其命名本身已经充分体现了该学科是"人的科学"与"工程技术"的结合。

人机工程设计是关于人的科学、环境的科学不断向工程科学渗透和交叉的产物：以人的科学中的人类学、生理学、心理学、卫生学、人体测量学、人体力学等为"一支"；以环境科学中的环境保护学、环境医学、环境卫生学、环境心理学、环境监测技术等学科为"另一支"，而以技术科学中的工业设计、工程设计、系统工程、安全工程、管理工程等学科为"躯干"，形象地构成本学科的体系。作为一门综合性的边缘学科，人机工程设计研究的领域是多方面的，与国民经济的各个部门都有着密切的关联。

2. 人机工程设计的定义

传统的人机工程设计定义为：人机工程设计是研究人在某种工作环境中的解剖学、生理学和心理学等方面的各种因素，研究人、机器及环境之间的相互作用，研究在工作中、家庭生活中和休假时怎样统一考虑工作效率、人的健康、安全和舒适等问题的学科。

2000年8月，国际人类工效学学会（IEA：International Ergonomics Association）发布了新的人机工程设计定义：人机工程设计是研究系统中的人与其他组成部分的交互关系的一门学科，并运用其理论、原理、数据和方法进行设计，以优化系统的功效和人的健康幸福之间的关系。新定义阐述了人机工程设计关注的焦点是系统中的人和人造物的关系，目标是人的效能和人性价值，研究方法是系统的、科学的实验和分析，如图6-1所示。

图6-1　人机工程设计关注的焦点、目标和研究方法

新的定义与传统定义之间并没有本质的差别，但更强调了"交互"的概念，来应对越来越普遍的"硬件加软件"的产品系统设计趋势。新定义以人的利益为前提进行系统优化，更符合人机工程设计的发展趋势。

简单地说，人机工程设计探讨的是人类日常生活和工作中的"人"与工具、设备、机器及周遭环境之间交互作用的关系，以及如何去设计这些会影响到人的事物和环境。易言之，人机工程设计就是要去改善那些人们所常使用的器物与其所处的周遭环境，以使人与人本身的能力（Capabilities）、限制（Limitations）和需求之间（Need）能有更好地配合。如图6-2所示为日常工作中的人机工程设计。

图6-2　日常工作中的人机工程设计

三、人机工程设计的研究内容

1. 从人机工程设计到以人为中心的设计

传统的硬件人机工程设计由于其工程技术的特性，更加关注物理方面的表现，人机研究更多是在设计方向确定后才引入，为新产品提出必须遵守的生理学或认知学规范，以及安全、效率、舒适方面等的要求。

软件人机工程设计（Software Ergonomics）研究软件、界面以及用户体验，侧重于运用和扩充软件工程的理论和原理，对软件人机界面进行分析、描述、设计和评估。它主要解决有关人类思维与信息处理的问题，包括设计理论、标准化、增强软件可用性的方法等，是软件（计算机）与人的对话，能够满足人的思维模式与数据处理的要求，实现软件的高可用性和用户体验的提升，体现了以用户为中心的设计思想。

2. 人机工程设计的研究内容

在工业造型设计中，人机工程设计领域研究的主要内容有：

① 人与工业产品关系的研究　人作为设计的主体对象，是产品设计中人机研究的重点，也是人机研究的基础。人的自然属性（如人体形态特征参数、人的感知特性、人的反应特性以及人在操作产品过程中的心理特征等）与人的社会属性（如人的社会行为、价值观念、人文环境、社会背景文化等）是影响产品设计的重要关系因素（如显示和控制系统的设计）。

② 人机系统研究　人机系统优化是为了创造最优的人机匹配。优化的尺度关系、舒适的环境关系、可辨识的界面关系，都是充分发挥人、机各自的特点相互配合、协调工作的重要因素。人机系统设计问题也是人和产品能够有效交流的重要前提。

③ 人的信息加工过程研究　以产品的人机交互关系为研究对象，对产品功能实现过程中人的意识、操作、动作、行为习惯等进行诊断、分析和设计。

④ 自然环境和社会环境因素研究　产品的造型设计要符合产品的使用环境，产品的内部环境也要对人的健康与效率负责，同时还要关注社会环境中文化因素对造型设计的影响。重视细节的微观内部环境与重视系统关系的宏观外部环境构成了产品人机环境因素的主体。

⑤ 人机安全性因素研究　产品的安全性因素可分为两个方面，对使用者来讲不仅需要高效的操作，更需要将事故危险性减小到最低限度，这就需要有相应的防护、保险、余量、防失误、事故控制、求援方法等安全性的设计因素；此外，产品的人机安全也需要反映到延长产品的操作寿命与降低操作者的使用破坏性等因素。

四、人机工程学的基本理论模型

现有的人机工程设计理论模型主要从三个角度出发：系统、人机界面和人的作业效能，也是研究人机内容的角度的综合。

系统是人机工程设计最重要的概念和思想。一个人机系统是由一个或多个人，与一个或多个装置相互作用组成的。人机交互中的"机"，是指所有人们为实现某一目的和功能使用到的所有实际的物体、设施、装备等。人机系统的大小、复杂程度是不同的。简单的人机系统就像一个人手拿着锄头、锤子或者卷发器，如果范围再扩大的话，可以把人驾驶汽车称作一个系统，更加复杂的系统包括飞机、电话机系统和医疗服务系统等。系统中的任何一个组成部分都至少为一种功能服务，它又和系统中的其他部分一起共同实现系统的一个或者多个目标。人机工程设计不是孤立地研究人、机和环境，而是从系统的高度将人、机、环境看作一个相互联系、相互作用的具有某种特定目标的系统。人既是人机系统的设计者，也系统的组成部分，在实现系统的特定功能过程中发挥积极主动作用。

人机系统中，人与机交互关系的接口称为人机界面。人与机器之间的信息交流和控制活动都发生在人机界面上。机器将信息通过视觉显示、声音、触感等通道传递给人，人经过脑的加工、决策，然后作出反应，实现人机的信息交流，如图6-3所示。而目前流行的触摸屏设计，将输入和输出合二为一，不再需要机械的按键或滑条，显示屏就是人机界面。

人机界面是人机工程研究的核心方面，主要分三个层次的研究：物理层、认知层和感性层，如图6-4所示。物理层的界面主要指人进行操作活动的界面，偏重基于操作活动的人体测量学、人的生理、心理特征的研究，如把手、按键的大小和显示的认读性等。认知层的界面主要指在人接触物理界面时所隐含的认知和信息处理过程，它偏重基于认知过程的人的心理特征的研究，如心理模型和用户模型。感性层的界面主要指人对物产生的感觉和感性的形式，偏重基于人的情感活动的心理特征研究，如汽车的驾驶感和操作感。具有审美意义的感性层是人机系统设计的最高境界。

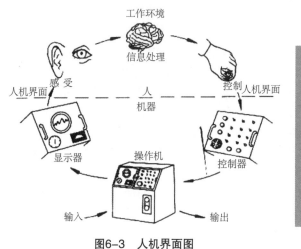

图6-3　人机界面图

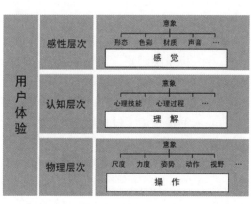

图6-4　人机工程设计研究的三个层次

人的作业效能，即人按照一定要求完成某项任务时所表现出来的效率和成绩。

五、人机工程设计与工业造型设计

人机工程设计和工业造型设计在基本思想与工作内容上有很多一致性。人机工程设计的基本理论"产品设计要适合人的生理、心理因素"，与工业设计的基本观念"创造的产品应同时满足人们的物质与文化需求"，意义基本相同，只是侧重稍有不同。工业造型设计与人机工程设计同样都是研究人与物之间的关系，研究人与物交接界面上的问题，但工业造型设计在历史发展中溶入了更多对美的探求等文化因素，人机工程设计则在劳动与管理科学中有广泛应用，这是二者的区别。

工业造型在设计实践中常常走入为变化而变化的设计误区，造型往往形态苍白、缺乏内涵，这说明设计者缺乏对工业造型设计本质的认识与思考。对于产品而言，究其根本，产品是工具，它为人服务，产品的价值体现在产品与人的交互关系以及所带来的效用上。对人与产品的交互关系的关注，才是工业造型设计中人机工程设计和研究的核心。事实上，了解和善用"人"的特性和限制，有利于发挥技术本身的预期功能，提高产品的附加价值。

六、典型的人机工程设计案例

典型的人机工程设计案例是电话机的设计，它也被看作是人机工程研究在工业造型设计中的发端。

早期的电话机大多是蜡烛台式的，听筒与话筒分离，需用一手拿话筒，一手拿听筒，双手操作才能打电话，非常不方便，如图6-5所示。这种蜡烛台式的电话形态不仅缺乏美感还存在以下问题：机身容易倾倒、听筒容易从挂钩处脱落、拨号盘置于底部操作不便等。

图6-5　早期蜡烛台式电话及其使用方式

1930年德雷夫斯（Henry Dreyfuss）开始与贝尔公司合作进行电话机的设计。德雷夫斯不仅是工业设计大师，也是人机工程设计的专家，他认为电话机的外形应该从里到外进行改革，而不仅仅只是一个最终能让工程师把所有结构都塞进去的外形。1937年德雷夫斯设计出了302型电话机，如图6-6所示。这款电话机从内到外进行了彻底的设计，它结合了当时最先进的通讯技术，将电话的听筒和话筒结合成一体，置于手柄上，而手柄的水平支架、拨号盘以及其他结构则被集成在一个稳定厚重的底座上。听筒和话筒合二

图6-6　德雷夫斯设计的302型电话机

为一的设计大大缩小了电话机的体积，统一而平稳的形态代替了难看笨拙的形态。特别是手柄的设计，为了满足最大范围人的要求，手柄上话筒到听筒的距离考虑了大多数人脸的形状。302型电话机获得空前成功，也成为影响近代电话机形式的最重要的设计。

德雷夫斯成功的主要原因在于他对人机交互关系的关注。使用者寻求的是好用、舒适以及能够凭直觉简单操纵的产品，适用于人的机器才是最有效的。设计不应是表面的改变，更是技术上的潜在变化，同时改进产品不仅是技术上的创新，而且也是形态上的创新，形式与功能是统一的。

经过多年研究，德雷夫斯总结出有关人体的数据以及人体的比例及功能，1955年出版了专著《为人设计》，该书收集了大量的人体工程设计的资料，1961年他又出版了著作《人体测量》（the Measure of Man），从而在设计领域奠定了人机工程设计这门学科的基础。

第二节　人机工程设计的新趋势

一、设计的复杂性

技术的应用和功能的堆砌使产品变得越来越复杂。从烤面包机到墙壁开关，从卫浴产品到书籍（现在叫电子书），数字处理模块越来越多地被应用于各种产品当中，恰如乔布斯在苹果2011全球开发者大会（WWDC2011）上所说"如果说硬件是产品的大脑和筋骨，那么软件

是产品的灵魂"。著名设计公司IDEO的创始人之一比尔·莫格里奇（Bill Moggridge，"交互设计"一词的提出者）认为："数字技术改变我们和其他东西之间的交流（交互）方式，从玩的游戏到工作的工具。数字产品的设计师不再认为他们只是设计一个物体（漂亮的或者商业化的），而是设计与之相关的交互"。

人与产品交互关系的复杂性使产品设计面临复杂性的巨大挑战。比尔·莫格里奇在他的《交互设计》（DesigningInteractions）一书中，将设计主要分为六个层次（图6-7所示为复杂性的梯度），其中每个设计中所涉及的限制与制约条件都是很复杂的，而且越往上层设计的复杂性越高。

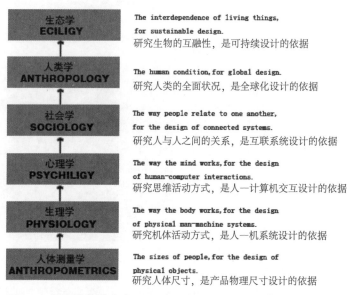

图6-7　复杂性的梯度（A Hierarchy of Complexity）

产品设计的复杂性对工业设计师提出了更高的技能要求，在具备硬件产品造型设计能力的基础上，还需要社会科学、行为科学以及统计学和实验设计方面的知识。

二、交互设计的产生

科技发展至今，我们无需怀疑未来的世界将是数字化的世界。为了软化数字冷冰冰的质地，几乎所有设计师都在为所谓的"人性化"绞尽脑汁。体验设计正是在这种趋势下应运而生，并成为时下最热门的关键词。然而，对于体验设计，我们似乎听到了太多浮光掠影的说法，它背后的工具——交互设计却并不为人所知。

由于微电子技术的发展，越来越多的产品通过计算机芯片实现了数字化、智能化，这就产生了一种"硬件加软件"的产品系统形式。比尔·莫格里奇指出数字信息技术已经改变了人和产品之间的交互方式，信息时代中产品的设计不再是一个以造型为主的活动，不再只是设计出精美或实用的物体，设计应更关注人们使用产品的过程，这对经典人机工程设计提出了新的挑战。图6-8所示为日本街头的触摸屏自动售货机，新的交互方式让购买饮料的过程更直观、更具体验性。

图6-8　日本街头的触摸屏自动售货机

　　软件在产品中的出现使人和产品之间的信息交流成为新的设计课题。软件所提供的信息服务不仅是产品使用效能的重要组成部分，甚至最终决定了产品的品质，"信息代替了功能，成为产品形式的核心"。于是在人机交互（HCI）发展的基础上，1990年比尔·莫格里奇提出"交互设计"一词，从而一门交叉人机工程设计、人机交互、工业设计、可用性工程等领域的学科诞生了。作为一独立学科，交互设计经过了二十多年的发展，与相关学科的不同之处正日渐明显。毕业于卡耐基梅隆大学交互设计研究所的作者Dan Saffer，在其书《Designing for Interaction：Creating Smart Applications and Clever Devices》中描绘了交互设计与其他相关学科的关系，主要从人机交互、工业设计和用户体验设计三大学科群界定，图6-9为交互设计交叉学科示意图。

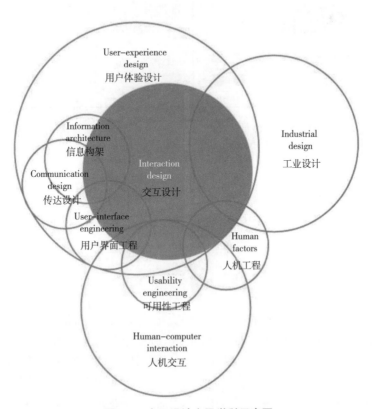

图6-9　交互设计交叉学科示意图

虽然计算机学科中的人机交互研究与交互设计有着最密切的关系，但是我们还是要把他们略加区分。人机交互（HCI）是计算机学科中最年轻的分支学科之一，它是计算机科学和认知心理学两大科学相结合的产物，它涉及当前许多热门的计算机技术，如人工智能、自然语言处理、多媒体系统等，同时也是吸收了语言学、人机工程设计和社会学的研究成果，是一门交叉性、边缘性、综合性的学科。人机交互的研究目前还集中在技术研发领域，这主要是由研究者的学习背景决定了的，毕竟大多数人机交互方面的专家有着精深的技术素养却往往缺乏艺术创作与鉴赏的底蕴。而交互设计和其他类型的设计一样，强调的更多的是创作与创造，交互设计关注的并不是技术本身的高低新旧与否，而是如何通过观察并找到人们生活中有意思的机会点，将技术更好地融合到日常生活中去。

三、交互设计是工业设计在数字产品行业的延伸

交互设计过程是生产有用、易用和乐用的产品系统的过程。和工业设计一样，交互设计综合工程、人机、市场、美学等方面的因素，对用户的问题提出解决方案。无论是软件设计还是信息设计，它们的目的是作为一种工具让人去用、去创造，从这个角度讲交互设计和传统工具如螺丝刀、复印机或叉车的设计并无差别。它们最大的不同在于两者处理的材料不同：工业设计面对三维的造型材料，而交互设计面对的主要是计算机、显示器等数字产品系统。图6-10反映了交互设计和工业设计在实体世界与数字世界、主观世界（人）与客观世界（技术）中的位置。

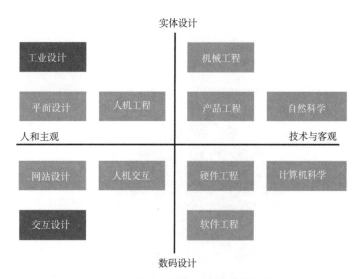

图6-10　交互设计和工业设计的位置

四、人与产品的交互的方式

人与产品的交互方式主要有数据交互、图像交互、语音交互、动作交互等。特别是基于动作的交互成为当下更无缝的一种交互方式，它可以识别人类的行为与动作甚至面部表情。当前基于各种最新技术的交互产品层出不穷，比如Bump这个手机跨平台传输数据应用设计，让两个人通过"碰"一下就能够互相传输相应的数据（图6-11），这个动作和碰见某人、交换名片类似，对于最终用户来说感觉很自然。还有iPod产品，用户只要摇一下就能换首新歌了。在数字产品设计中，新的直观、友好的交互方式将取代古老的数据输入被越来越多的用户接受。

Bump™

Ready to Bump

Bump hands with another Bump user to connect...

and share:

| My Phone | My Email | My Entire Contact Card |
| My Photo | My Address | |

Settings　Share　About

图6-11　Bump跨平台传输数据应用设计

五、交互设计的未来

雷蒙德·罗维（Raymond Loewy）这位工业设计大师运用他的个人技巧、艺术修养和美学，在人机工程和机械工程之中开创了一个新的工业设计时代，成为美国的工业设计之父。今天的设计师也必定要将自己的背景和技巧应用于新的科技时代，当多媒体技术得到进一步发展的时候，我们不要忘记数字产品行业及其蕴藏的交互设计机会，就像早期的工业设计先驱为实现产品的有用、易用和乐用的目标与工程师并肩作战，今天数字产品行业更需要工程师和交互设计师为了一个共同的目标的努力。

随着用户对数字交互产品需求的扩张，人们对交互设计的兴趣的增长，一些交互设计的课程已经开始形成，交互设计的团队也在世界范围内建立，交互设计正在稳步地形成自己的学科。美国的麻省理工学院、卡内基梅隆大学、加拿大的西蒙菲沙大学和瑞典于默奥大学等高校都在开展交互设计方面的研究，有的还设有交互设计方面的专业和研究方向，卡内基梅隆大学设计学院设有交互设计专业硕士学位。国内这方面的研究多集中在计算机科学和互联网产品领域，交互设计在产品设计领域的应用和研究才刚刚起步。

正像工业革命帮助建立了工业设计学科，新技术革命也正在帮助建立"交互设计"——信息时代的工业设计这一新兴学科。

第三节　基于尺寸的人机工程设计

产品设计的内容极其广泛，小到一把剪刀，大到一个太空站的设计，不仅要赋予他们新颖的外观形态、和谐的色彩，同时更重要的是赋予产品良好的使用功能，使其结构合理、性能良好、使用舒适。而要使产品符合人的使用需求，首先就需要了解人体测量学方面的基本知识，并在设计过程中正确使用各种人体尺寸。

一、人体测量的由来和发展

人体测量自古有之，早期的研究大多从美学角度研究人体的尺度和比例关系。如公元前一世纪罗马建筑师维特鲁威（Vitruvian），从建筑学角度对人体尺度作了较全面的论述，达·芬奇则根据维特鲁威的描述创作了著名的人体比例图。但这些研究还没有考虑人体尺度对生活和工作的影响。直到第一次世界大战，随着航空工业的发展，人们才迫切地需要人体测量的数据为工业产品提供设计依据，第二次世界大战时期航空和军事工业的发展对人体尺寸的研究提出更高的要求，更加推动了人体测量学的发展。

人体测量学是一门用测量方法研究人的体格特征的科学。通过对不同类属、年龄、性别的人各部分结构尺寸、肢体重量、肢体体积、肢体的活动范围和体表面积、肢体重心、转动惯量、肢体的握力、提举力、拉力以及骨骼肌肉的生物力学特征等进行静态、动态测量，对获得的数据和资料进行统计分析，来研究人的体质特征，并确定个体和群体之间的差异。

工程人体测量是人体测量学在工程设计领域的一个应用分支。工程人体测量是指用测量方法研究人的体格特征，建立与工程设计有关的人体参数和设计基准，并通过图纸、模型以及模板的检测，使设计满足人员作业、安全和舒适性的要求。与人类学人体测量不同的是，工程人体测量具有极强的功能性和操作性，即测量是根据人的任务和作业进行的，测量的基本目的是为设计提供设计依据。

工程人体测量涉及的项目很多，本节主要研究跟工业造型设计联系紧密的人体尺寸。

二、人体测量知识

1. 尺寸与尺度

尺寸是指沿某一方向、某一轴向或围径测量的具体数值，尺度则是基于尺寸的一种关于物体大小或空间大小的心理感受。也可以说，尺度是一种心理尺寸，是一个相对的概念，一种相对的感觉，一种比例上的关系。因此，尺寸是客观的，尺度是主观的。尺寸是物理层面的人机工程设计问题，而尺度是认知和感性层面的人机工程设计问题。例如，汽车内室的设计既有尺寸的问题，也有尺度的问题。

2. 人体尺寸测量数据

目前设计中依照的数据主要来源于《中国成年人人体尺寸》GB 10000—1988，这个标准根据人类工效学要求提供了我国成年人人体尺寸的基础数值，适用于工业产品造型、空间设计、军事工业等涉及人类活动的所有区域。

《中国成年人人体尺寸》GB 10000—1988是1988年发布的，20多年来设计领域一直面临人体尺寸数据缺失、陈旧的问题。2009年开始，中国标准化研究院在全国展开了大规模的第二次人体尺寸测量，这是自1986年第一次全国人体尺寸测量调查之后测量项目最全面、年龄段跨度最大、技术最先进的一次全国性人体尺寸调查。调查所得到最新的人体测量数据将为国内各设计行业提供新的尺寸参考，对我国产品设计质量的提高具有非常重要的意义。目前已经于2011年1月14日发布了《中国未成年人人体尺寸》GB/T 26158—2010、《用于技术设计的人体测量基础项目》GB/T 5703—2010。

工业设计常用的人体尺寸数据及部位来自国家标准《中国成年人人体尺寸》GB 10000—1988中。共提供了七个类别47项人体尺寸数据，包括人体主要尺寸、人体立姿尺寸、人体坐姿尺寸、人体水平尺寸、人体手部和足部尺寸（图6-12~图6-16）。

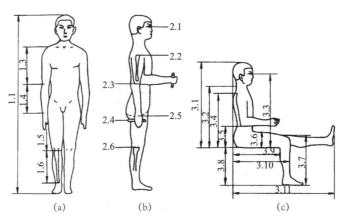

图6-12　人体立姿、坐姿尺寸定义

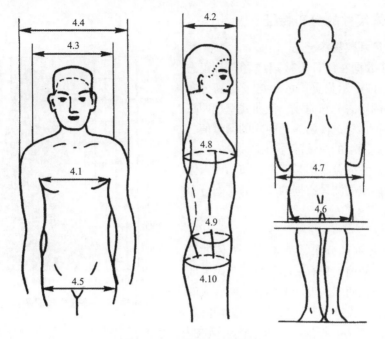

图6-13 人体水平尺寸定义

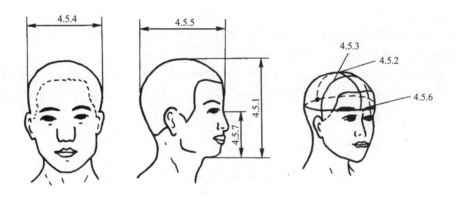

图6-14 人体头部尺寸定义

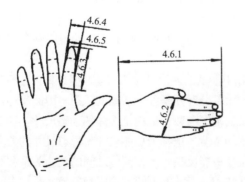

图6-15 人体手部尺寸定义

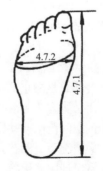

图6-16 人体足部尺寸

三、人体尺寸的分布特征

1. 人体尺寸数据的分布

人体尺寸数据在统计上接近或者符合正态分布，如图6-17所示为美国成年男子身高分布曲线就是典型的正态分布曲线，该曲线呈现两头低、中间高的钟形，这说明靠近中间的测量值分布次数多，靠近两端的测量值分布次数少。但是也有一些人体尺寸的分布不是正态分布，如人体的一些围度和体重的测量数据的分布与正态分布相差稍远。

2. 百分位

人体尺寸数据的分布特征表明，人体的尺寸大部分属于中间值，只有一小部分属于过大或者过小值，分布在两端。设计上要满足所有人的要求不太可能，也没有必要这么做，但必须满足

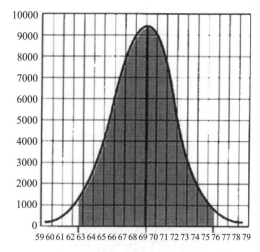

图6-17　美国成年男子身高分布曲线

多数人的要求，因为要把这些极端数值包括在内，生产起来的代价可能非常昂贵。如美国军方选择从低端的5%到高端的5%这个范围，这样就能够适应军方标准人口的90%。这就决定了设计时几乎不用"平均值"，通常是对某一尺寸在一定范围内进行数值分段，如将被试的身高在尺寸上分为一百个等分点，这就是百分位，又叫百分点，每个百分位上对应的数值就是百分位数。百分位通常用第几百分位来表示，如身高分布的第5百分位表示有5%的人的身高小于等于此测量值，95%的身高大于此测量值。

常用的百分位有第5、50、95百分位，对应的百分位数分别为P5、P50、P95。此外在涉及安全和极限的问题时还常用到第1和第99百分位。需要特别指出的是第50百分位只说明某一尺寸仅适合50%的人的要求，不存在"平均人"的尺寸。

四、人体尺寸数据分类

人体尺寸测量数据根据测量方法和应用的不同分为静态尺寸（结构尺寸）和动态尺寸（功能尺寸）。

1. 人体静态尺寸

人体静态尺寸也叫人体结构尺寸，是对处于静止状态和标准姿势下的裸体人进行测量获得的。人体静态尺寸中的头部、手部、足部等尺寸可以直接适用于头盔、耳机、手套、鞋子等与人体结构相关的产品设计，而大多数的静态尺寸则具有更广泛的说明和参照价值。

2. 人体动态尺寸

使用人体结构尺寸可以解决不少实际中涉及的人体尺寸的问题。但是，人在控制机器设备或从事某种作业时，并非总是静止不动的，大部分时间是处于活动的状态。因此，还需要掌握人以不同姿势工作时，手、脚、头等活动可及的范围参数，也就是人体的动态尺寸。动态人体尺寸是人体在动态下占用的空间范围或动作范围的测量，也称为功能尺寸。静态尺寸的数量多于动态尺寸，但是在绝大多数情况下，动态人体尺寸更能反映人体各部位之间的功能关系和结构关系。图6-18说明车辆驾驶室设计中采用静态尺寸和动态尺寸的不同，采用静态尺寸时，人的注意力集中在人体尺寸与周边的净空，而使用动态尺寸时，人们则将注意力集中到所包括的控制功能上。

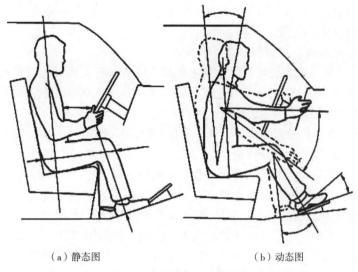

(a) 静态图   (b) 动态图

图6-18　车辆驾驶室中静态尺寸和动态尺寸的差异

3. 人体尺寸的差异

人体尺寸在个体和群体上都因年龄、性别、种族、地区、年代等差异而不同。随着产品市场的不断细分，目标用户不断细化，针对特定群体的设计趋势越来越明显，因此对于人体尺寸在个体和群体上的差异研究也越来越重要。

五、人体尺寸数据的应用原则和步骤

人体尺寸和设计尺寸并不等同。如果单纯依据人体尺寸进行设计，在使用时就会发生困难，因此最终的设计尺寸需要根据不同产品类型和使用场景，在人体尺寸的基础上留有适宜余量。比如在建筑设计方面，设计尺寸往往比人体尺寸更宽泛、更重要，而在家具和机器设备上设计尺寸与人体尺寸就相差无几。

在具体应用人体尺寸数据时，需要根据产品的用途及其使用人员和环境的情况，遵守两条基本原理：首先设计要达到适合体型矮小的操作者的尺寸；其次设计要达到适合体型高大的操作者的尺寸。为使设计满足上述原理，必须合理选用人体测量的百分位。

1. 应用人体尺寸数据的基本原则

① 极限设计原则　这是以某种人体尺寸极限作为设计参数的设计原则。设计的最大尺寸参考选择人体尺寸的低百分位（常用第5百分位），设计的最小尺寸参考选择人体尺寸的高百分位（常用第95百分位）；受人体伸及度限制的尺寸应该根据低百分位确定，受人体屈曲限制的尺寸应该根据高百分位确定。例如，货架是人体伸及限制的尺寸，其高度应该取低百分位；轿车内室高度是人体屈曲限制的尺寸，应该取高百分位。当遇到安全问题时，其尺寸界限应扩大到第1百分位和第99百分位，如紧急出口以及距运转着的机器部件的有效半径，应以第99百分位为设计依据；而使用者与紧急制动操纵杆的距离则应以第1百分位为依据。

② 可调性设计原则　可调尺寸应可调节到使第5百分位和第95百分位之间的所有人都使用方便，设计中应有限使用可调性设计原则。

③ 动态设计原则　在考虑人员必须执行的操作时，选用动作范围的最小值；在考虑人员的自由活动空间时，选用动作范围的最大值。例如轿车驾驶仪表台的按键应该选用人体动作范围的最小值，即低百分位；而驾驶员头顶的自由空间应选用动作范围的最大值，即高百分位。

④ 第50百分位设计原则　如门铃开关、插座、电灯开关的安装高度，以及商店付款柜台高度，应以第50百分位为依据。

2. 人体尺寸数据的应用步骤

① 确定对设计最为重要的核心尺寸。考虑哪个或者哪些人体尺寸对设计来说至关重要，比如坐高对于高低床设计中高床和低床之间的距离来说是一个基本尺寸。

② 考虑使用对象和范围，考虑年龄、性别、地区、年代的差异。

③ 考虑人的作业姿势及采用人体的哪一部位的测量尺寸。

④ 考虑采用人体尺寸的百分位数。

⑤ 确定功能修正量。大部分人体尺寸数据是裸体或穿背心、内裤时的静态测量结果。设计人员选用数据时，不仅考虑着衣穿鞋情况，而且还应考虑其他可能配备的东西，如手套、头盔、靴子及其他用具。产品最小功能尺寸=人体尺寸百分位数+功能修正量。

⑥ 确定心理修正量　为了克服人们心理上产生的"空间压抑感"、"高度恐惧感"等心理感受，或者为了满足人们"求美"、"求奇"等心理需求，在产品最小功能尺寸上附加一项用量，称为心理修正量。心理修正量也是用实验方法求得的，一般是通过被试者主观评价表的评分结果进行统计分析求得。产品最佳功能尺寸=人体尺寸百分位数+功能修正量+心理修正量。

六、作业空间设计

人体测量数据在设计中具有广泛的用途，可以毫不夸张地说，为人设计的任何东西都含有人体测量学数据。作业空间设计是典型的运用人体尺寸作为参考的设计类型。

作业空间是指人们工作的三维空间，包括人操作机器时所需的活动空间和机器、设备、工具、用具、被加工对象所占有的空间的总和。作业空间中人、机、环境三个基本要素是相互关联而存在的，每一个要素都根据需要占用一定的空间，应该按照优化系统功能的原则，使这些空间有机地结合在一起。作业空间设计应该根据人体尺寸参数进行设计，应保证90%以上的使用者在所设计的空间内能顺利完成规定的作业，并均衡四肢的作业负荷，避免不必要的空间障碍和违反使用者正常习惯的空间布局，保证在紧急条件下人员的撤离和安全，最终实现空间设计的可用性、舒适性和经济性。

人的作业按照作业姿势可以分为坐姿作业、立姿作业和坐立交替作业，有时候还会采用跪姿、卧姿作业。不同的作业姿势应用人体尺寸的情况各不相同，需要在设计中仔细考虑。

1. 坐姿作业

坐姿作业适合长时间操纵、控制精度高或者需要四肢共同操作的场合，属于轻体力的工作性质。坐姿作业的优点是，操作稳定，身体位置平衡，可减轻疲劳。缺点是长时间的坐姿，尤其是不正确的坐姿会对腰部产生不利影响。图6-19为坐姿作业的人体尺寸参数。

2. 立姿作业

立姿作业适合于频繁改变体位的、短期的、中体力或重体力的作业。立姿作业的优点是作业区域大，便于肌肉施力，作业者的体位容易改变。缺点是不易进行精确细致的作业，相对于坐姿容易疲劳，长期站立还容易引起下肢静脉曲张等。图6-20为立姿作业的人体尺寸参数。

3. 坐立交替作业

坐立交替作业常用于同时要求坐和立两种作业姿势。采用这种作业姿势既可以避免长期站立引起的疲劳，又可以在较大区域内活动以完成作业，同时稳定的坐姿可以帮助作业者完成较精细的工作。坐立交替的作业姿势有利于人的健康和减轻局部肌肉疲劳，是优先采用的作业姿势。图6-21为坐立交替作业空间的人体尺寸参数。

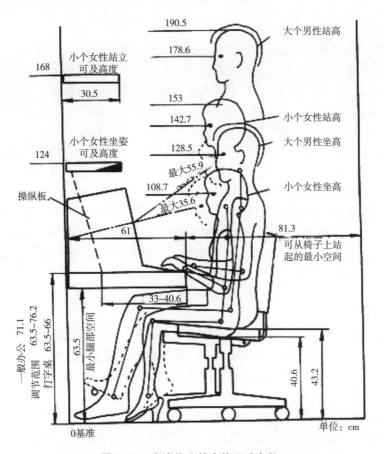

图6-19　坐姿作业的人体尺寸参数

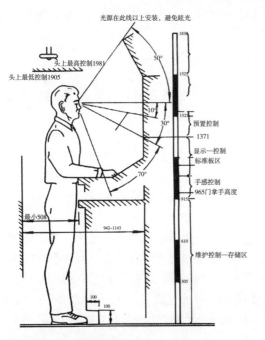

图6-20　立姿作业的人体尺寸参考
（单位：mm）

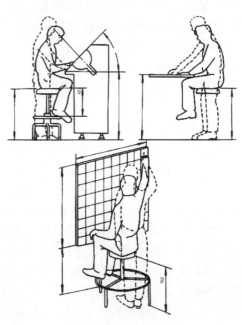

图6-21　坐立交替作业空间的人体尺寸参数
（单位：mm）

第四节　人的感觉输入系统

在机器和技术不发达的阶段，机器能够完成的工作有限，所以人往往需要介入很多具体重复的操作。而随着社会的发展和科技的进步，机器能够完成的工作越来越多，也越来越复杂，特别是智能化在产品中的融入，机器甚至可以模仿人类的部分思维。但是机器毕竟还是机器，它们只能机械地完成人设计的功能，即使有了无限的计算和存储能力，但仍然无法处理人类工作和生活中无处不在的复杂性问题。

人是人—机交互系统中的主导者，需要在不同层次上支配各种各样的工具和系统，以完成各种任务。为实现系统的优化，最好是让人和机器各自发挥优势。而人机工程专家的任务之一就是决定该让人还是机器执行某项任务，从而达到最高效率和满意程度。

人机系统实现功能涉及四个基本职能过程：感知（接受信息）、信息存储、信息加工、执行反馈，人的感觉系统通过各种感觉器官收集来自"机"的显示方面以及环境方面的刺激和信号，然后通过大脑对信息进行分析、加工和判断，最后输出为运动或者语言，并将这些输出用来实现对机器控制。

一、人的感觉系统

人体有九大系统，从人机工程设计的角度考虑，人与外界（机器和环境）直接发生联系的主要有三个系统，即感觉、神经和运动系统。而感觉系统是人的输入系统，它是多通道并行的信息接收器，是人们认识世界获得信息的门户，也是各种复杂和高级心理过程（如记忆、思维、想象、情感等）的基础。

感觉通常包括视觉、听觉、触觉、味觉和痛觉等五种，此外还有运动、平衡、内脏感觉。在人机交互过程中，人通过感觉器官如眼睛、耳朵等获取机器输出的视觉、听觉等刺激，并将刺激进一步通过神经系统传导和加工形成知觉，从而获得有价值的信息。

人机交互关系中，产品输出的信息（如视觉显示信息）作为人感觉系统的输入信息，所以产品的显示设计应该以人体的感觉系统特征为依据。

人体感觉器官的基本特性如下。

（1）适宜刺激

每种感觉都有特定的感受器和对应的感觉通道，不同的感受器有各自最敏感的刺激形式，这种刺激形式称为适宜刺激。

（2）刺激阈与感觉阈限

感觉是物理刺激作用于感觉器官的结果，刺激必须达到一定强度才能对感觉器官发生作用，为刺激强度下限；但刺激强度又不能超过某一最高限度，否则不但无效，而且还会引起感觉器官的不舒适，甚至导致损伤，为刺激强度上限。这个能被感觉器官所接受的刺激强度范围，称为感觉阈值或识别阈值。如人的听觉阈值为 $2 \times 10^{-5}Pa \sim 20Pa$。

人的各种感受器都有一定的感受性和感觉阈限。感受性与感觉阈限成反比，感觉阈限越低，感觉越敏锐。并不是任何刺激量的变化都能引起有机体的差别感觉的，例如在100g质量的物体上再加上1g，任何人都觉察不出质量的变化；至少需要在100g质量中再增减3～4g，人们才能觉察出质量的变化。增减的3～4g，就是质量的差别感觉阈限。这一指标对某些机器操作者非常重要，所谓操作者的"手感"，就是人的差别感受性能在生产实际中的应用。

（3）适应

在刺激强度不变的情况下，感觉器官被持续刺激一段时间后，感觉会逐渐减少直至消失，这种现象称为"适应"。如嗅觉器官经过持续刺激后会不再发生兴奋，通常所说"久而不闻其香"就是这个缘故。

（4）相互影响

在一定条件下，当受到其他刺激的干扰时，各种感觉器官对其适宜刺激的适应能力将降低，这种现象称为感觉的相互影响或感觉的相互作用。例如，同时输入两个视觉信息，人们往往只倾向于注意其中一个而忽视另外一个；如果同时输入的是两个强度相同的听觉信息，则对要听的那个信息的辨别能力将下降50%，并且只能辨别最先输入的或是强度较大的信息；当视觉信息与听觉信息同时输入时，听觉信息会对视觉信息产生较大的干扰，而视觉信息对听觉信息的干扰较小。

（5）余觉

刺激消失以后，感觉还会滞留一个极短时间，这种现象称为"余觉"。例如，在黑暗中快速转动一根燃烧的火柴，就可以看到一圈火光，这就是由许多火点留下的余觉形成的。

二、人的视觉特征

人在感知物质世界的过程中，大约有83%的信息是通过视觉得到。因此，视觉对人类来说具有十分重要的意义。眼睛是人的视觉器官，视觉器官接受外界刺激并进行视知觉加工从而实现对形态、光影、色影、物体的质感、空间旷奥度等特征的识别。在进行产品设计时，特别显示装置设计，视觉及其特征是考虑的主要因素之一。

1. 视功能

视功能是视觉器官对客观事物识别能力的总称，包括视角、视力、视野、对比感度和视觉适应、视错觉等。图6-22所示为人的水平视野和垂直视野。

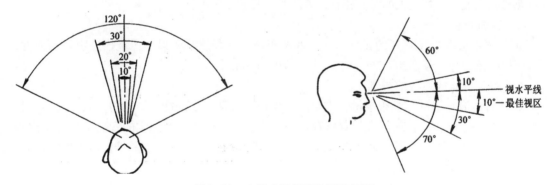

图6-22　人的水平视野和垂直视野

2. 视觉现象

（1）明暗适应性

人眼对光亮程度的变化具有适应性。人突然从明亮处进入黑暗处，开始什么也看不清楚，而经过5~7min才能渐渐看见物体，大约经过30min，眼睛才能完全适应，这个适应过程称为暗适应。相反的情况和过程，称为明适应。明适应的时间较短，开始的30s感受性就会变化很大，大约1min后明适应过程趋于完成。

（2）视错觉

视错觉是指观察注意对象所得到的印象（如形状、大小、位置和颜色）与实际注意对象出现差异的现象。视错觉由人的生理、心理现象决定，有些产生机理目前仍没有搞清楚，但它已被人们大量地用来为工业设计服务。例如，小巧轻便的产品涂着浅色，使产品显得更加轻便灵巧；而机器设备的基础部分则采用深色，可以使人产生稳固之感。

（3）眩光

能产生目眩的光称为眩光，眩光可引起不舒适感、视疲劳、可见度降低等。可以采取限制光源亮度、改变光源位置、变直射为漫反射、降低材料反射率等控制措施减少和避免眩光的产生。

3. 视觉运动特征

① 眼睛的水平运动比垂直运动快，眼睛沿垂直方向运动比沿水平方向运动容易引起疲劳。

② 视线习惯于从左到右或从上向下运动，环形观察时以顺时针方向比逆时针方向快。对圆形内的物体习惯于沿顺时针方向察看。

③ 眼睛对水平方向尺寸和比例的估计比垂直方向尺寸和比例的估计要准确。

④ 当眼睛偏离视中心时，在偏离距离相等的情况下，人眼对左上象限的观察效果最优，其次为右上象限、左下象限，右下象限最差，这是显示器上信息布局的依据。

⑤ 两只眼睛的运动是协调和同步的，不可能一只眼睛转动而另一只眼睛不动，也不可能一只眼睛看而另一只眼睛不看。

⑥ 眼睛对直线轮廓的接受程度比对曲线轮廓的高。

⑦ 人眼的辨色能力与颜色有一定关系。当人从远处辨认前方的多种颜色时，首先辨认出红色，依次是绿色、黄色、白色。所以，停车标志、危险信号标志都采用红色。

三、人的听觉特征

人的听觉是仅次于视觉的重要感觉，大脑通过听觉输入获取的外界信息可达11%。其适宜的刺激是声波，人耳是人的听觉器官，人的听觉具有以下特征。

1. 可听范围

可听声不但取决于声音的频率，而且取决于声音的强度。若以声压级描述声音的强度，则可听声的范围为：频率20~20000Hz，声压级0~120dB。

2. 对声音高低强弱的辨别

人耳对声波频率的感觉很灵敏，表现为辨别声音音调高低的能力。然而，人耳对声音强弱的感觉却不够敏感，表现在人耳对声音强弱的辨别能力同人主观感觉的音响不是成正比例关系，而是成对数关系。即当声强增加10倍时，主观感觉的音响只增加一倍；声强增加100倍时，主观感觉的音响只增加两倍。

3. 对声源方位和距离的辨别

正常情况下，人两耳的听力是一致的。由于声源发出的声音到达两耳的距离不同，传播过程中受到的阻碍不同，因而传入两耳的声波强度和时间先后也不同。人们利用这种强度差和时间差来判断声源的方位。对于高频声主要根据强度差来判断，而对于低频声主要根据时间差来判断。判断声源的距离主要靠主观经验和声压。声波在空气中传播，距离每增加一倍，声压将衰减6dB。

4. 听觉的掩蔽效应

声环境中的一个声音成分使人耳对另一个声音成分的感受性降低的现象称为声音的掩蔽。假设环境噪声是一个强度为95dB的400Hz的声音，在这一环境中，如果200Hz的音调信号要被人觉察，就需要增加30dB的声音强度。例如，对于移动电话铃声设计来说，就要确保移动电话的铃声在嘈杂的环境里也能被用户听见，这是一项十分重要的课题。

掩蔽效应与掩蔽声的强度和频率有关，掩蔽声强度越大，其掩蔽效应也越大；掩蔽声与被掩蔽声频率相近，掩蔽效应最大；低频对高频的掩蔽效应较大，反之则较小。在设计听觉信息显示装置时，应当根据实际需要来考虑掩蔽效应。有时要对掩蔽效应加以利用，有时则要加以避免或克服。由于人的听阈复原需要经过一段时间，掩蔽声消除以后，掩蔽效应并不立即消失，这种现象称为残余掩蔽或听觉残留。掩蔽声对人耳刺激的时间越长、强度越大，则残余掩蔽持续时间越长。

四、其它感觉

人体的其它感觉器官同样起着信息感知的作用，通过嗅觉获取的信息可达3.5%，触觉和味觉依序为1.5%和1%。

在产品设计中，触觉一般用在视觉和听觉负担过重的时候，而且触觉对刺激反应的速度跟听觉相差无几，且在多数情况下比视觉更快。合理利用触觉的作用进行设计可以提高人的效率，如键盘、手机等产品按键设计常设置小凸起提高用户的定位效率。此外触觉通常还跟产品外形质地感触密切相关。

第五节　显示设计——人的信息输入设计

产品中的信息显示装置专门用来向人传递产品的性能参数、工作状态、工作指令以及其他有关信息。在实现产品功能的过程中，显示设计在人与产品的交互中起到主导的沟通作用，在产品设计中的地位非常重要。随着越来越多的产品嵌入智能化芯片，实体产品往往伴随着软件和界面显示，软件的显示设计与传统物理界面显示设计同样重要。

显示装置的功用是将机器的工作状态显示给操作者，人机交互关系中，显示装置是产品的输出系统，感觉系统则是人的输入系统，产品的输出系统设计应该以人的感觉系统特征为依据进行。根据操作者接受信息显示的感觉通道不同，显示设计一般可分为：视觉显示设计、听觉显示设计、触觉显示设计及嗅觉显示设计等。

显示设计的选择应该适合目标用户及其要执行的任务，还要考虑显示的内容、格式（图形还是文字）、显示的形式（字体、背景、亮度等）以及显示的时间等因素对设计的影响。从设计的角度来看，由于视觉通道最为重要，因此，视觉显示设计是显示设计的重点；听觉显示利用人对声信号感知较敏感的特点，一般作为报警信息传递装置；触觉显示装置利用人的皮肤受到触压或运动刺激后产生感觉而向人们传递信息，除特殊场合外，一般较少使用（表6-2）。

表6-2　三种显示方式传递的信息特征

视觉显示	a.比较复杂、抽象的信息或含有科学技术术语的信息、文字、图表、公式等	听觉显示	a.较短或无须延迟的信息
	b.传递的信息很长或者需要延迟者		b.简单且要求快速传递的信息
	c.须用方位、距离等空间状态说明的信息		c.视觉通道负荷过重的场合
	d.以后有可能被引用的信息		d.所处环境不适合视觉通道传递的信息
	e.所处环境不适合听觉传递的信息	触觉显示	a.视觉、听觉通道负荷过重的场合
	f.适合听觉传递，但听觉负荷已重的场合		b.使用视觉、听觉通道传递信息有困难的场合
	g.不需要急迫传递的信息		
	h.传递的信息常需要同时显示、监控		c.简单并要求快速传递的信息

一、视觉显示设计

根据比尔·莫格里奇在《交互设计》一书中的叙述，人与人造物（产品）交互的方式从维度上可划分为四类：一维的（1-D）文字信息，如界面中的文字菜单能够传达命令、动作；二维（2-D）的图像信息，如绘画、字体（设计）、图表、图标（icons）等；三维（3-D）的物理立体空间形式，如产品形态，产品语义学探索的就是产品的形态及其元素传达的意义；四维（4-D）的时空，包括声音、影像、动画在内的加入时间轴线的交互。显然在这四种人机交互方式中无论是文字信息还是图像、实体产品、影像都与人的视觉输入密切相关。

视觉显示设计在不同的产品发展阶段呈现不同的形式，随着产品的功能和用户的任务不同而不同。传统的视觉显示设计采用机械装置和物理界面，而随着数字产品的深入，带来的则是数字显示和软件界面。Icons（图标）就是计算机领域独特的视觉显示设计，用一个极小的图形符号传达丰富的意义，帮助用户快速识别和执行任务。

1. 机械显示设计

机械式显示是传统的显示方法，利用显示部件间的相对运动来指示被测参数值。他们结构简单，制作容易，显示明晰。缺点是不易实现综合显示，部件间存在摩擦，显示精度易受到影响，显示装置本身不发光，在低亮度环境中需要照明。

常用的机械显示类型有指针移动式显示、指针固定式显示、直读式显示，表6-3为不同显示形式的优劣对比。

表6-3 显示仪表的功能特点

显示仪表 / 项目	刻度指针式仪表		数字式显示仪表
	指针运动式	指针固定式	
示意图			1034
数量信息	中：指针活动时读数困难	中：刻度移动时读数困难	能读出精确值，速度快，差错少
质量信息	好：易判定指针位置，不需要读出数值和刻度时，能迅速发现指针的变化趋势	差：不需要读出数值和刻度时，难以确定变化的方向和大小	差：必须读出数值，否则难以确定变化的方向和大小
调节性能	好：指针运动与调节活动有简单而直接的关系，便于调节和控制	中：调节运动方向不明显，指针的变动不便于监控，快速调节时难以读数	好：数字调节的监测结果准确，快速调节时难以读数
监控性能	好：能很快地确定指针位置并进行监控，指针位置与监控活动关系最简单	中：指针无变化有利于监控，但指针位置与监控活动关系不明显	差：无法根据指针的位置变化来进行监控
一般性能	中：占用面积大，仪表照明可设在控制台上，刻度的长短有限，尤其在使用多指针显示时认读性差	中：占用面积小，仪表须有局部照明，由于只在很小范围内认读，其认读性好	好：占用面积小，照明面积也最小，刻度的长短只受字符的限制

项目 \ 显示仪表	刻度指针式仪表		数字式显示仪表
	指针运动式	指针固定式	
综合性能	价格低，可靠性高，稳定性好，易于显示信号的变化趋势，易于判断信号值与额定值之差		精度高，认读速度快，无视读误差，过载能力强，易与计算机联用
局限性	显示速度较慢，易受冲击和振动影响，采用模拟与数字显示混合型仪表		价格偏高，显示易于跳动或失效，干扰因素多，需内附或外附电源
发展趋势	降低价格，提高精度与显示速度，采用智能化且示仪表		降低价格，提高可靠性，采用智能化显示仪表

2．数字显示设计

随着产品的电子化程度越来越高，数字式显示的应用越来越广。常用的数字显示类型有：CRT（阴极射线管显示）、LCD（液晶显示）和LED（发光二极管显示）。LED适用于需要远距离认读或光照不很好的条件下，如交通信号显示设计和汽车仪表盘显示设计；LCD较为经济，且光线扩散的条件下认读性也很好，多用于小型设备或近读的显示器显示，如液晶电视，还有手机屏幕，一般都采用不同研发技术的LCD屏幕，苹果公司的iPhone4屏幕采用的就是LCD技术中的IPS硬屏。

屏幕显示器是非常普遍的数字显示装置，既能显示机器工作过程中的某一特定参数和状态，又能显示其模拟量值和趋势，还能通过图形和符号显示机器工作状态及各有关参数，是一种综合性的视觉显示装置，具有重要的用途和广泛的发展前景。目前人们最常用到的屏幕显示设备有电脑和手机显示屏，他们的视觉显示设计涉及文字、色彩、图像等交互方式。而且随着移动互联技术的深入，电脑应用不断向手机应用扩展（图6-23），对于手机屏幕如何突破小屏幕信息传达的限制成为视觉显示设计领域的又一重要研究内容。

图6-23　iPhone手机上的各种应用程序

由于数字显示可控性好，可方便地与计算机或各种电气控制系统连接；可对显示的信息进行颜色、形状、图形编码，从而可以完成更多的显示用途。

3．刻度指针式仪表的显示设计

这里仅从人机工程设计角度来讨论刻度指针式仪表的设计，主要内容有刻度盘、指针、字符等的设计。

（1）刻度盘设计

①刻度盘形状设计　刻度盘形状的选择直接影响认读效果，如视线集中与否，眼睛扫描路线的长短，是否满足视觉运动规律等。刻度盘的形状大致分为五种，即开窗式、圆形、半圆形、水平直线、垂直直线式，其认读效果如图6-24所示。实践中，应根据显示功能和人的认读效果来选择刻度盘的形状。

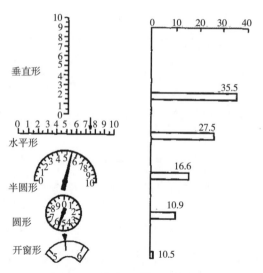

图6-24　仪表形式与误读率的关系

② 刻度盘尺寸设计　仪表刻度盘的大小，在很大程度上影响对仪表的认读速度和准确性。当刻度盘的直径过小时，会使刻度标记、数字等细小而密集，难以辨认，从而影响认读速度和准确性；但刻度盘过大时，会使人眼睛的中心视力分散，扫描路线变长，视敏度降低，使认读速度和准确性受到影响。在选择刻度盘最小直径时，必须考虑刻度盘上的标记数量和观察距离，刻度盘的最佳直径应根据操作者观察的最佳视角来定，实验表明，仪表的最佳视角是2.5～50。表6-4为圆形刻度盘最小直径与标记数量和观察距离的关系。

表6-4　圆形刻度盘最小直径与标记数量和观察距离的关系

刻度标记数量	刻度盘的最小允许直径/mm		刻度标记数量	刻度盘的最小允许直径/mm	
	观察距离为500mm	观察距离为900mm		观察距离为500mm	观察距离为900mm
38	25.4	25.4	150	54.4	98.0
50	25.4	32.5	200	72.8	129.6
70	25.4	45.5	300	109.0	196.0
100	64.3	64.3			

（2）刻度设计

刻度设计主要包括刻度间距和刻度标记的设计。

刻度盘上的刻度标记又称为刻度线，每一刻度标记代表一定的读数单位。两个最小刻度标记间的距离称为刻度间距。刻度标记和刻度间距统称为刻度。认读速度和认读准确性与刻度间距、刻度标记和刻度标数有关。

① 刻度间距　仪表的认读效率随刻度间距的增大而提高。在达到临界值之后，认读效率不再增高，甚至有所下降，因此，仪表的刻度间距最好取这个临界值。这个临界值与人眼睛的分辨能力和观察距离有关，一般在视角为10′附近。当视距为750mm时，刻度间距临界值

为1～2.5mm。所以，刻度间距最小值一般在1～2.5mm之间选取。

② 刻度标记　刻度标记也称为刻度线，一般分为长刻度标记、中刻度标记和短刻度标记三种。刻度标记各种尺寸的设计均以短刻度标记作为基准，短刻度标记的尺寸应根据人的视觉分辨能力、观察距离以及照明情况等因素确定。

刻度标记的高度及标注在刻度盘上的文字或数字的高度数值见表6-5所示。刻度标记的宽度以占刻度间距的1/5～1/20为宜。图6-25表示当视距为710mm时，长、中、短三种刻度标记的间距及宽度的最小值。

表6-5　刻度标记及字符的最佳高度

观察距离 L/m	刻度标记高度/mm			字符高度/mm
	长刻度线	中刻度线	短刻度线	
<0.5	4.4	4.0	2.3	2.3
0.5～0.9	10.0	7.0	4.3	4.3
0.9～1.8	19.5	14.0	8.5	8.5
1.3～3.6	39.2	28.0	17.0	17.0
3.6～6.0	65.8	46.8	27.0	27.0

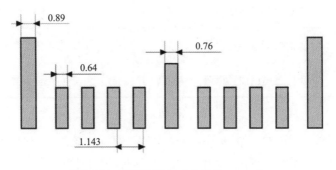

图6-25　刻度标记尺寸（单位：mm）

③ 刻度方向　刻度方向是指刻度盘上刻度值的递增方向和认读方向。其设计必须遵循视觉运动规律，而形式可依刻度盘的形状不同而不同。圆形仪表刻度值要按顺时针方向依次递增。数值有正负时，则顺时针方向为正值，逆时针方向为负值。水平直线式仪表的刻度值由左向右依次递增，垂直直线式仪表的刻度值自下而上依次递增。

④ 刻度标数　仪表的刻度必须标上相应的数字，才能使人更好地认读，这就是刻度标数。一般说来，最小刻度不标数，最大刻度必须标数。

⑤ 标数位置及进级　所有的标记必须采用正立位，即水平方向。标数进级用相邻刻度标记所指示的数值差来表示，选用标数进级时应与仪表读数精度相适应，长、中、短各种刻度的标数进级系统应相互兼容。

（3）指针设计

指针是仪表不可缺少的组成部分，尽管它的大小、宽窄、长短和颜色各不相同，但功能却是一致的，都是用来指示显示装置所要显示的信息。图6-26为常见的指针形状设计。

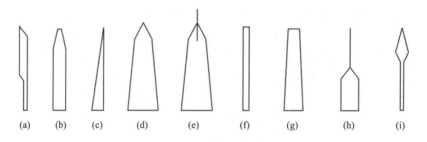

图6-26　常见的指针形状设计

（4）色彩设计

色彩设计主要指指针、刻度和表盘的配色关系，仪表的色彩设计是否合适，是否符合人的色觉原理，对认读速度和误读率都有影响。由实验获得的仪表颜色与误读率关系可知，墨绿色和淡黄色仪表表面分别配上白色和黑色的刻度线时，其误读率最小，而黑色和灰黄色仪表表面配上白色刻度线时，其误读率最大，不宜采用。具体配色顺序可参考表6-6。在实际应用中，还要注意整体效果，即装在仪表板上的所有仪表的颜色都要搭配好，使总体颜色看起来协调、淡雅、明快，以提高工作环境的美学效果。

表6-6　配色顺序表

	清晰配色顺序	模糊配色顺序
序号	1 2 3 4 5 6 7 8 9 10	1 2 3 4 5 6 7 8 9 10
底色	黑黄黑紫紫蓝绿白黑黄	黑白红红黑紫灰红绿黑
图形色	黄黑白黄白白白黑绿蓝	白黄绿蓝紫黑绿紫红蓝

4. 字符设计

显示设备上的数字、字母、汉字等统称为字符。字符的形状、大小、笔画、立位、颜色等对认读效果有较大的影响。视觉显示设计中文字的合理尺寸涉及的因素很多，主要有观看距离（视距）的远近、光照度的高低、字符的清晰度、可辨性、要求识别的速度快慢等。其中清晰度、可辨性又与字体、笔画粗细、文字与背景的色彩搭配对比等有关。

字符的形状应简明、易读、醒目，宜多用直角和尖角突出每个字符的形状特征，避免字符的相似性及相互之间的混淆。汉字推荐采用宋体或黑体的印刷体，不宜采用草体汉字以及拉丁或英文小写字母和装饰性字符；字符的高度通常为视距的1/200，字符的宽度与高度比一般取0.6~0.8，笔画宽与字高之比一般取0.12~0.16。此外，笔画宽与字高之比还受照明条件的影响。

5. 图形符号设计

图形符号以直观、精练、简明、易懂的形象表达一定的涵义，传达信息，可使不同年龄、不同文化水平和不同国家、使用不同语言的人群都能够较快地理解，在经济、科技、社会生活中都具有重要的作用。因此在视觉显示设计中图形符号的交互语言应用非常广泛。

图形符号的设计应该在能表达出事物专有、独特的属性前提下，越简单越好。图6-27中就是简洁清晰的图形符号代表。

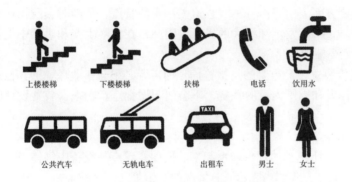

上楼楼梯
下楼楼梯
扶梯
电话
饮用水
TAXI
公共汽车
无轨电车
出租车
男士
女士

图6–27 表意清晰、构图简洁的图形符号设计

6. 显示面板的布局与排列

（1）水平方向显示设计布局

显示面板处在人眼的不同视野范围内认读效果是不同的。实验表明，当视距为800mm时，随着人眼远离显示面板的视野中心，认读的准确性逐渐下降。在大约24° 的水平视野范围中，无错认读时间为1s左右；超过24° 时，无错认读时间急剧增加，最多可达6s。所以，显示面板在水平方向上进行布局时其视距最好在560 ~ 750mm范围内，以保证眼睛能较长时间地工作而不会疲劳；最常用的显示装置或者最重要的显示内容应该布置在视野中心3° 范围内以保证视觉工作效率；其它显示装置按照显示的重要度和使用频率进行依次布置。

（2）垂直方向显示设计布局

显示面板垂直方向上的布局可按观察角的优劣选择。常用的坐姿操作按不同的观察角度将它划分为四个区域，可布置不同性质的显示装置，如图6–28所示。

A区域为最佳观察范围，视觉工作效率高。此区域可布置需经常观察的各类显示装置。

B区域为控制区域，正好处于上肢的正常控制范围内，上面可布置启动、制动、调节和信息转换按钮、旋钮等，也可布置次要常用的显示装置。

C区域一般布置次要的常用显示设备，即操作者间隔一定时间要观察这些显示面板上的工作状态。

D区域内的显示信息，操作者需仰视才能观察到，故只适宜布置那些用的极少但又不能缺少的设备。

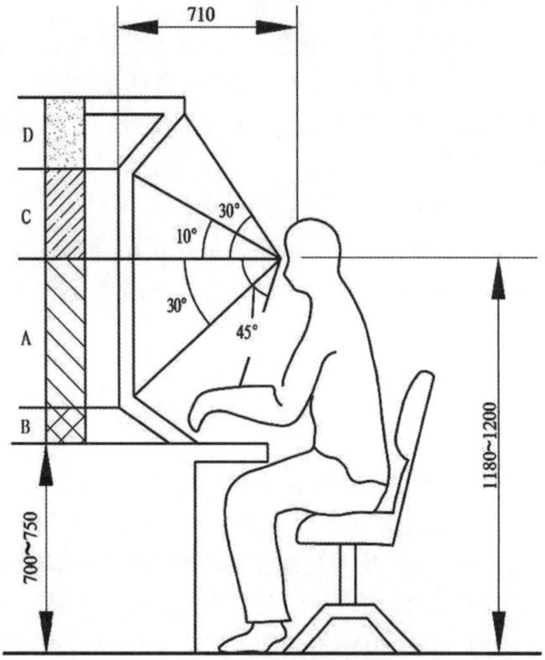
710
D
C
A
B
30°
10°
30°
45°
1180~1200
700~750

图6–28 显示设计布置的垂直分区

二、听觉显示设计

听觉显示装置利用声音来传递信息，如铃、蜂鸣器、哨笛、信号枪、喇叭、语言等形式。听觉显示即时性、警示性强，尤其是语言，能传达复杂的、大信息量的信息，这一点是它优

于视觉信号的主要方面。由于声音具有强迫人注意的特点，可随时提醒操作者注意，保持警觉，尤其在需要防止事故发生和扩大的场合。因此，在实际生产和生活中报警、提示是听觉显示设计应用的主要领域。

设计音响报警装置，最重要的是报警信号的声音必须与作业环境的其他声音有明显的区别，容易引起操作者和周围人员的警觉，不会引起误觉。音响报警装置设计的一般原则有以下几点。

（1）概念上的兼容性

尽量使信号与人所熟悉的现象联系起来。例如高频声与设备中气体或液体压力的增大或运动速度的加快相联系，尖叫声表示紧急情况的发生等。

（2）声压级的选择

音响报警信号必须保证位于信号接收范围的人能够识别，特别是在有噪声干扰的情况下，音响信号必须能够明显地听到并可与其他噪声和信号区别。因此，报警信号的声压级必须超过听阈10dB以上，并且应使报警信号强度大于环境噪声的强度。

当噪声声级超过110dB时，最好不用声信号来做报警信号。

（3）频率的选择

报警信号要选用人耳最为敏感的频率段（500~3000Hz）。当长距离传送声音信号时，宜采用1000Hz以下的频率。当声音信号必须绕过障碍或者穿过隔板时，宜采用低于500Hz的频率。另外，还要注意听觉的声音掩蔽效应，音响报警装置的频率选择应在噪声掩蔽效应最小的范围内，使报警信号的频率远离噪声主要频率。

（4）使用间歇性信号

使报警信号与环境噪声以及其它正常信号有明显的区别，以便引人注意，可采用在时间上均匀变化的脉冲信号、音调有高低变化的变频信号、间歇信号或突发性高强度音响信号等。在传示重要信息时，可采用多级信号，逐渐接近目标。例如先发出"注意"信号声，然后发出"指示"信号声。

（5）视、听双重报警信号

对于重要的报警信息，最好使用听觉通道和视觉通道同时传递，组成"视听"双重报警信号，以增加人接受的信息量，提高信息接收的可靠度。如医院救护车上采用的声音和灯光双重报警装置。

第六节　人的运动输出系统

人通过感觉器官接受外界刺激，经过信息加工之后的信息输出则通过人的运动系统执行反馈。人的信息输出方式主要有运动输出和声音输出，相对应的控制方式为动作控制和语音控制。

运动系统是人类进行生产劳动和生活的手段，设计、制造和使用工具的过程需要人进行大量的运动输出行为。人是人机系统的主体和灵魂，即使自动化和智能化的发展代替了很多人类的工作，但在不同的人机交互层级仍然需要人的操作和控制，对人的运动系统特征的研究是展开控制设计的依据。

一、人的运动系统

人的运动系统由骨、关节和肌肉三部分组成，这三个部分在人的运动系统中发挥不同作用。简单地说就是：人的运动是以骨为杠杆，关节为支点，通过肌肉收缩提供动力的。显然，肌肉是人体运动能量的提供者，人的活动能力是由肌肉决定的，研究人的运动系统时，应以肌肉为主。

二、肌力

人力量的大小取决于肌肉的收缩能力。肌肉收缩产生肌力，肌力的大小取决于力学、解剖学、生理学各方面因素的总和，而肌力发挥的大小还与施力的人体部位、施力方向和指向（转向）、施力时人的体位姿势、施力的位置及施力时对速度、频率、耐久性、准确性的要求等多种因素有关，只有在这些综合条件下肌肉出力的能力和限度才是操纵力设计的依据。

在直立姿势下臂伸直时，不同角度位置上拉力和推力分布不同。立姿弯臂时，不同角度时的力量分布大约70°处可达到最大值，产生的力相当于体重的力量，因此在设计操纵装置如方向盘时要考虑将其置于人体正前上方。另外，女性的肌力比男性低20%～30%；习惯右手操作者右手肌力比左手约高10%，左撇子的左手肌力比右手高6%～7%。

操纵力是由人体某部位（如手、脚）直接与控制装置接触时，作为驱动力或制动力施加于控制装置的动态作用力。在设计控制装置时，必须考虑人的操纵力的限度，一般是以第5百分位为设计标准，这样所设计的控制装置大多数人操作起来比较舒适。

三、肌肉施力方式

肌肉施力有两种方式：动态肌肉施力和静态肌肉施力。动态肌肉施力是肌肉运动时收缩和舒张交替改变，静态肌肉施力则是持续保持收缩状态的肌肉运动形式。动态肌肉施力可以持续较长时间而不易疲劳，静态施力在短时间内就容易引起肌肉疲劳，而且长期的静态施力还会导致人体疾病，这与肌肉的新陈代谢有关。因此，在设计时，要做到合理用力，尽量避免和减少静态施力，图6-29所示不良设计易造成静态施力。

调查发现很多职业疾病和伤害与工作时的不良姿势有关。飞利浦公司曾对50名去过医院检查身体活动不适的工人进行研究，发现其中39人的症状明显与工作时的不良姿势有关。因此在工作中要尽量减少静态施力，产品的人机工程设计应确保人在使用产品的过程中保持合理的作业节奏，避免局部长时间受力，避免用力过度破坏身体的稳定性，动作自然，力求在最合适的肌肉位置、最自然的关节采取相应姿势，尽量使体重发挥作用。

不良设计　　　　　　　　　　　优良设计

图6-29　不良设计易造成静态施力

减少静态施力的设计案例：世界三大剪刀制造公司之一的Fiskars公司设计研发的"软接触

剪刀"（图6-30），针对手工具使用不便的关节炎患者，有一个可以使其闭合的锁和一个可以使其自动张开的弹力装置，改变了传统剪刀修剪时需手动撑开的情况，减少了很多重复性劳动和累积损伤的风险，而且宽大、软质的抓握部位可以更好地分配掌上的压力，左右手都能很好地使用。

图6-30　Fiskars公司设计的"软接触剪刀"

四、人体动作的灵活性与准确性

人操纵机器、使用产品时，通常表现为人手和足的操作运动，因此，手、足动作的速度和准确度直接关系到人操作和控制的效率及可靠性。

1. 人体动作的灵活性

人体动作的灵活性，是指操作时的动作速度和频率。人体生物力学特性决定了下面的一般规律：人体重量较轻的部位、比较重的部位、短的部位比长的部位、肢体末端比主干的动作灵活。因此，在进行控制设计时，应充分考虑这些特点。

2. 人体动作的准确性

人体运动的准确性可从运动形式（方向和动作量）、速度和力量三个方面衡量。这三个方面配合恰当，动作才能与客观要求相符合，才能准确。图6-31~图6-33分别是运动速度、运动方向和操作方式对人体动作准确性的影响。

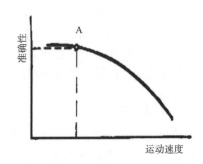

图6-31　运动速度-准确性特性曲线

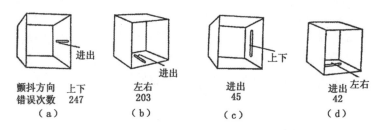

图6-32　手臂运动方向对连续控制运动准确性影响

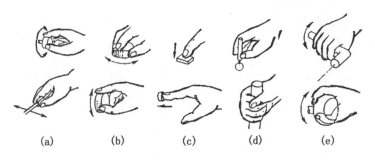

图6-33　不同控制操作方式对准确性影响

五、人的反应时间

从感觉器官开始接受外界刺激起，到运动器官开始执行操作动作所经历的时间，称为人的反应时间，简称反应时。反应时一般用来测量信息输出速度。根据刺激呈现多少可将反应时分为简单反应时和选择反应时两种，只对一种刺激做出一种反应的反应时间，称为简单反应时；有两种或两种以上的刺激同时输入时，不同的刺激要求做出不同的反应，或者只对其中某些刺激做出反应的情形，称为选择反应，相应的反应时间称为选择反应时。一般来说，选择反应时间要比简单反应时间长20～200ms。

人的反应时间的长短，对于人机系统的工作效能和安全生产具有重要意义。反应时间越短，则响应速度越快，人机系统的工作效能就越高，事故发生的可能性就越少。

反应时间与下列因素有关：

① 反应时间与感觉通道有关，如听觉的简单反应时间就比视觉的短。

② 反应时间与刺激性质有关，人对声音反应时间就比光的短。

③ 反应时间与运动器官有关，如手的反应时间就比脚快。

④ 反应时间与刺激数目有关，刺激数目越多，反应时间越长。如一个刺激的反应时是187ms，则十个刺激同时输入时其反应时是622ms。

⑤ 反应时间与对比度有关，对比可以是两个同类型刺激之间的对比，也可以是刺激与背景之间的对比。如以两种颜色为刺激物，当其对比强烈时，反应时间短；如以声音为刺激物，当信号声音远比环境声音强度大时，反应时间短。

⑥ 反应时间与年龄、性别有关，实验证明，年轻人比老年人反应时间短，男性比女性反应时间短。

⑦ 反应时间与人的心理因素有关，如有心理准备的反应时间就比较短，经过训练的人反应时间可缩短10%。

第七节 控制设计——人的信息输出设计

控制是指作业者改变操作对象的行为。人的任何操作活动都离不开控制，为实现系统目标，需要对系统或者元件进行调解或操作。

人的信息输出方式主要有运动输出和声音输出，相对应的控制方式为动作控制和语音控制。动作控制主要依靠手和足这些人体灵活的部位，输出的实质是力和位移，也是产品最常用的控制。人的声音输出相对应的控制是语音控制，语音控制技术在智能设计方面有广泛应用，比如iPhone可以用语音控制拨打电话、播放音乐等。Win7系统下也有语音控制可以让我们抛开鼠标和键盘，控制电脑的部分功能。此外，最典型的语音控制应用就是具有对话功能的智能机器人，但由于语言指令的能力有限，应用还不是很普遍。相信随着科技的发展，多通道的控制必然是智能化产品设计的趋势。

一、控制设计的方式

从控制的形式看，控制分为直接控制和间接控制两种方式。直接控制一般是以人力为主要动力的手工具，如使用剪刀、钳子等设备；间接的控制方式则适用于那些非人力为动力源的机器，如调节收音机和点击鼠标的控制等。

按照控制装置的运动方式不同，可以分为旋转控制器、摆动控制器、按压控制器、滑动控制器和牵拉控制器。不同的控制装置因控制的功能、使用特性、使用效率、经济等因素有不同的适用性。人机工程设计中应该根据具体条件进行选择。表6-7给出了传统工业产品中常用控制装置的功能、特性及其适用范围。

表6-7　常用控制装置的功能特性

操纵装置名称	使用功能						使用情况				
	启动制动	不连续调节	定量调节	连续调节	数据输入	编码	视觉辨别位置	触觉辨别位置	多个类似操纵装置的检查	多个类似操纵装置的操作	复合控制
按钮	√						好	一般	差	好	好
拌动开关	√	√			√			好	好	好	好
旋转选择开关		√					好	好	好	差	较好
旋钮		√	√	√			好	好	一般	差	好
脚踏按钮	√						差	差	一般	差	差
脚踏板			√	√			差	差	较好	差	差
曲柄			√	√			较好	一般	一般	差	差
手轮			√	√			好	好	较好	好	好
键盘							好	较好	差	好	差

随着电子信息和感应技术的发展，各种技术规格的触摸屏在产品中应用广泛。触摸控制也在数字产品上逐渐成为主流。多点触控、动作控制成为当下流行的操作方式，如iPhone首创了滑动解锁控制设计（slide to unlock），代替了传统的手机按键控制式解锁。

触摸控制非常直观也很容易掌握，直接用手对操作对象进行触摸即可实现。但是触摸控制也存在一些缺点，如手指会遮住被操作对象；在屏幕前长时间举起手臂会引起疲劳；手指会在屏幕上留下污点；视差与手臂定位偏差引起触摸控制不够精准。

二、数字产品常用的控制技术

1. 触摸控制

人们对触控技术并不陌生，触控技术使用的触控板，能感受到热力、指压、红外线等物理上的触碰。触控有单点触控和多点触控（Multi-touch）。

单点触控只能识别和支持每次一个手指的触控、点击，如当前银行的ATM取款机、图书馆大厅的查询终端，支持触摸功能的手机、MP3、数码相机等，大都采用的是单点触控技术。

多点触控能把任务分解为两个方面的工作，一方面同时采集多点信号，另一方面是对每路信号的意义进行判断，也就是所谓的手势识别，从而实现识别人的五个手指同时做的点击、平移、按压、滚动等触控动作，如图6-34所示为无线键盘VISENTA V1的七种多点触控操作手势。多点触控实现了同一显示界面上的多点或多用户的交互操作模式。

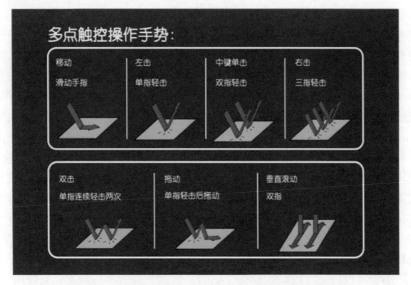

图6-34　无线键盘VISENTA V1的多点触控操作手势

　　对于多点触控技术的研究始于1982年多伦多大学发明的感应食指指压的多点触控屏幕，同年贝尔实验室发表了首份探讨触控技术的学术文献，此后又历经技术重大突破期和产品应用期。2005年苹果公司收购了iGesture板和多点触控键盘专利技术，并在2007年和微软分别开始了应用多点触控技术的产品开发计划。无疑苹果的iPhone和微软的Surface Computing令多点触控技术开始进入主流的应用。多点触控技术实现的缩放、平移、旋转等操作，能够更好地适应文字、图片、三维模拟等操作对象的特征，这项技术最主要的目的是带来了人机互动的新时代。

　　多点触控技术在数字产品上的应用变得愈来愈普遍。目前苹果公司的多项智能产品从iPod到iPhone，连Apple最新一代鼠标Magic Mouse都配备多点触控技术，成为全球首创的Multi-touch鼠标。它只以一整片多点触控板就能提供等同一般鼠标的左、右键以及360度滚轮功能，并能以两指操作更多手势功能，图6-35为MagicMouse实现的5种鼠标控制方式。

轻点	双键轻点	360° 滚动	屏幕缩放	双指轻扫
Magic Mouse 是先进的点击式鼠标，可在其 Multi-Touch 表面随处单击和双击	当你在系统偏好设置中选择启用辅助点按功能时，Magic Mouse 具有双键鼠标的功能。惯用左手的用户也可重新分配左右键	使用单指在 Multi-Touch 表面沿着任何方向轻刷，还可 360 度全方位移动	在键盘上按住 Control 键，用单指在 Magic Mouse 上滚动即可放大屏幕上的内容	使用双指向左或向右轻扫 Multi-Touch 表面，可浏览 Safari 中的页面或 iPhoto 中的照片

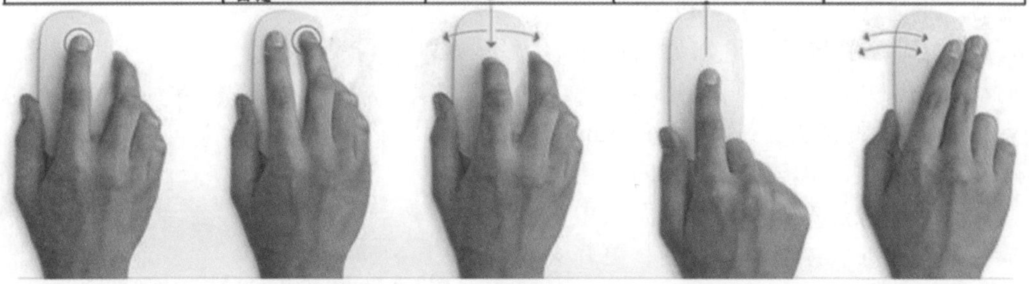

图6-35　Magic Mouse实现的5种鼠标控制方式

2. 体感控制

体感控制的概念在以往的游戏设备中已经出现过，能将身体动作转换为操控命令，但它们通常需要专用的控制器。而将体感控制列入标准配置，让平台上的所有游戏都能使用指向定位及动作感应则是任天堂的创举。Wii-Remote（简称Wiimote）是任天堂游戏主机Wii的主要控制器，于2005年9月17日在东京电玩展上发表，外形如电视遥控器，可单手操作，其独特的功能与传统游戏控制器有很大的不同——可以实现体感控制，是前所未见的控制器使用方法。

Wiimote可以实现动作感应和瞄准功能，如图6-36所示。Wiimote中内置的三轴加速感测技术，感应器可以使主机Wii检测到控制器在X、Y、Z三个方向轴上的移动、加速、旋转和倾斜等动作变化。另外Wiimote控制器上还有一个光学感应器，与感应器组合从而使Wiimote具有了瞄准的功能，结合两者就可以实现所谓的"体感控制"。同时，感应器每端有四个红外LED用于校准Wiimote，使用者可以透过移动和指向来与电视屏幕上的虚拟对象产生互动。Wiimote还有振动和语音功能，此外也可借由连接扩充设备延伸控制器的功能。Wii遥控器的这些设计，在游戏软件当中可以化为球棒、指挥棒、鼓棒、钓鱼竿、方向盘、剑、枪、手术刀、钳子等工具，使用者可以挥动、甩动、砍劈、突刺、回旋、射击等各种方式来使用。

Wiimote在公开后受到许多关注，微软和索尼在2010年相继推出了体感控制方式的游戏设备，即PlayStation Move和Kinect。

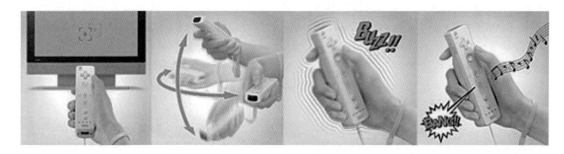

图6-36　Wiimote体感控制

PlayStation Move是索尼研发的一套体感控制系统，其中Move motion controller作为主手柄，具备了三轴回旋装置、三轴加速器和磁性传感器，同时通过顶部彩色凸起小球的光源追踪用户X、Y和Z三维空间位置，从而确保了反映用户3D信息的准确性。PlayStation Move的体感控制器，结构比Wii遥控器手柄更加简练和易懂（图6-37），不仅没有十字键，也没有让人困惑的A、B键和1、2键。PlayStation Move的导航键在手柄中央位置，扳机键则在手柄下方，除此之外只有正面的5个按键。这样的设计让Move看起来显得非常简单，也因此对轻度玩家显得更加亲切，至少不那么像电视遥控器，而是更像游戏手柄。PlayStation Move同样配备了腕绳，可以做出些夸张的动作来通关。PlayStation Move系统与Wiimote最大的优势在于，PlayStation Move是一套真实的3D感应装置，对于用户来说，意味着能更加真实地在游戏中完成各种完整的肢体动作的控制，更好地实现了体感控制的真实性。

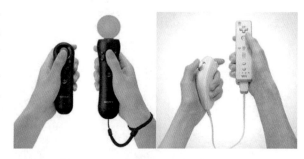

图6-37　PlayStation Move与Wiimote

Kinect是微软为XBOX 360娱乐平台推出的新型体感控制设备（图6-38），它连PlayStation Move式的游戏手柄都没有了，游戏者的动作就是控制器。用户通过自己的全身肢体控制游戏并实现与互联网用户的互动和分享。Kinect透过深度感应器、图像处理及多阵列语音识别技术能够追踪人的全身动作、姿势、面部表情以及进行语音识别，而不再像Wiimote一样只能对玩家的手部动作做出反应。这种无需任何游

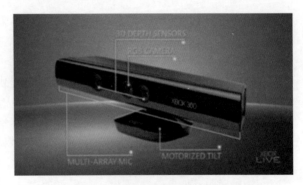

图6-38　Kinect

戏控制器的游戏控制方式为电玩体验掀起革命。毫无疑问，微软把产品的控制设计带入了一个更创新的方向。

不论男女老少，Kinect让玩家能立即融入游戏当中，以直觉方式游戏：看到球来了，踢下去就是了；有障碍物，直接跳过去；想学跳舞，跟着屏幕上初学者舞步摇摆就对了，还可以将游戏中的精彩镜头自动拍照。或许在不久的将来，只要坐在沙发上，手指朝着电视机的方向轻轻一指就能打开游戏，然后还能通过触摸屏上传游戏片段至社交网络，与朋友分享交流。

从三大游戏巨头任天堂、索尼和微软的游戏控制技术和设备来看，任天堂开创了体感控制，微软则是继续升级了体感游戏的体验。目前体感控制开发依然处于早期阶段，需要配套游戏来支持完成最终用户体验，但毫无疑问，体感控制将会是游戏控制的发展趋势，体感控制技术将会在越来越多的产品当中应用，特别是在残疾人产品设计领域将有广泛的应用。

三、控制与反馈

为改善产品功能，提高控制效率，在控制设计中往往需要建立一定的反馈设计。通过反馈信息，操作者可以对自己的控制进行判断，并做出进一步的控制行为。

反馈是由控制系统把信息输送出去，又把其作用结果返送回来，并对信息的再输出发生影响，起到控制的作用，以达到预定的目的。通常反馈信息来源于人的手、足、身体等运动器官本身运动情况带来的反馈和人的触觉反馈，以及来自视觉显示设备的视觉反馈，来自控制器产生的运动和阻力反馈、声音反馈等。其中，由控制器运动所提供的反馈信息，能对操作者准确的控制起到主要作用。

1. 控制器运动和阻力反馈设计

来自控制器产生的运动和阻力反馈在产品的控制设计中具有广泛的应用，因为绝大多数控制器需要克服阻力以及进行控制的复位运动，如电脑键盘和鼠标的控制和反馈设计。然而也有一些只有阻力或只有复位运动的控制器。实验和研究表明，在多数情况下，克服阻力和复位运动同时使用的反馈，对于操作来说更有效。但在一些特殊情况下，只使用其中一种反馈更好，比如控制追踪快速运动的轨迹时，没有阻力，效率更高。

阻力设计是设计控制装置的重要参数，它直接影响控制装置的操作精度和灵敏度。阻力可以给人以反馈，同时可防止因为轻微动作（如手指抖动）造成的误操作，如滑盖手机一般采用有阻力的设计。

应根据控制装置的类型、位置、移动的距离、操作频率、力的方向等因素进行阻力设计。一般，控制的阻力可以分为：单手转动0.3~0.5kg；单手按1~1.5kg；足踏4~8kg。当控制器阻力太小时，会因反馈不灵敏导致控制精度难于把握，而当阻力太大时，会影响操作速度和引起

操作肢体的疲劳。对于那些只求快且精度要求不太高的工作来说，阻力应愈小愈好；如果控制精度要求很高，则控制装置应具有适当的阻力。

2. 视觉反馈和听觉反馈

通常计算机等数字产品通过视觉和听觉提供给用户大量的反馈信息。视觉反馈可以通过显示设备提供反馈信息，但是视觉反馈也存在一些缺陷，如阳光直射显示器容易对视觉反馈的效率造成影响；当在做其它重要事情时，比如开车或问诊病人，用户不可能一直盯着屏幕看；在周围环境嘈杂或需要安静的环境中，用户也不能依赖声音反馈进行确认或指导。

3. 触觉反馈

在数字产品的反馈设计中人们往往关注视觉和听觉，而忽略了其它感觉的反馈。随着计算机和感测技术的蓬勃发展，多通道的信息反馈已经成为一种趋势。在提供常规的视觉反馈的同时，提供触觉反馈十分必要，触觉反馈已经成为交互设计领域的最新技术。

触摸是人认识事物的一个重要途径，对人与机的信息交流和沟通产生深远的影响。触觉反馈开辟了多种可能的应用领域，包括产品设计和制造、医疗领域应用、工作培训、基于触觉的三维模型设计等。此外触觉反馈系统在服务弱势群体方面具有广泛的用途，如Haptic Technologies Inc.的蒙特利尔（加拿大）分公司开发了一种触觉鼠标可以把Windows界面的图标和按钮转换为触觉信息传递给盲人；另外Virtual Technologies公司的Cyber2 Glove计算机触觉手套改装后可以将输入到键区的字以触觉信号的形式呈现给佩戴这种手套的又聋又盲的人。多项研究表明，用户很需要触觉反馈功能，因为它有助于提高使用性能，并使用户获得更多可控的感觉。

由于具有操作直观、软件灵活以及经济节约等优点，触摸屏在人们的生活和工作中已经无处不在。

目前人们对使用触觉感应设备的需求非常强烈，最简单的解决方案是在触摸人机界面增加触觉反馈功能，从而同时提供触摸屏和键盘的最佳特性。其工作原理如图6-39所示，当用户按下某个图形按钮时，触觉反馈系统根据预存的触觉"效果"（振动）驱动执行机构，执行机构的移动可形成图形按钮移动的感觉，从而让用户体验到按下/松开机械按钮那样的感觉。系统还可以用声音和显示变化来同步强化触觉效果，最终形成富有吸引力的多种感觉反馈体验。

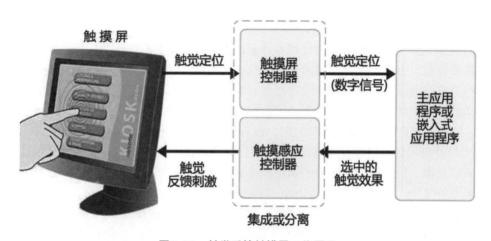

图6-39 触觉反馈触摸屏工作原理

触觉反馈技术可应用于各种尺寸的触摸屏和数字开关控制面板等。触摸屏中集成触觉反馈技术的应用场合包括以下方面。

① 大型和小型家用设备　尤其对于常用设备，触觉反馈功能可为人们提供熟悉的机械感觉，从而有助于用户适应从传统到现代先进电子控制的转变，并逐步认识到其价值。

② 全球定位导航系统　通过迅速的触觉提示，用户无需等待可视响应，因而可以减少查看仪器的时间，更多地注意路面状况。

③ 遥控　确认型触觉响应可以改进小型按键的可用性，特别是在光线较暗的情况下。此外也可用于替代那些干扰音乐或视频效果的声音提示。

④ 医疗诊断设备　在医疗设备中，声音提示可能打扰或令病人不安，而触觉反馈可以提供正确无误的确认信息，从而使护士更专注于病人而不是设备。采用最人性化的触觉感受，触觉反馈可以用来增强自诊断设备的陪护感觉。

⑤ 测试与测量设备　触觉提示可以提高准确性和工作效率，特别是在喧闹的环境中。

⑥ 便携式终端　触摸提供的附加确认有助于用户完成多个任务，更全面地支持便携性所带来的自由移动和各种活动能力，并且也支持更快、更准确的数据输入。

⑦ 自动服务终端和信息站　自动服务过程中的触觉反馈可以向用户提供他们的选择已经被接收、服务正在处理的直观确认。通过提供与用户触摸输入相匹配的响应可以使用户获得更好的控制感觉，从而提高用户的满意度，增加自助服务功能的使用率。

⑧ 游戏设备、媒体播放器、娱乐系统　通过触觉反馈增强交互功能，从而可提供更加有趣、参与度更高的用户体验。

尽管带触觉反馈的触摸屏刚刚开始进入市场，但在改善人机界面性能以及向用户提供更直观、更吸引人和更满意的用户体验方面，该方式已经显示出良好的发展前景。

四、常用控制装置设计

1. 控制装置设计的一般原则

① 控制装置要适合人的生理特点，便于大多数人使用操作。如控制装置的操纵力、操纵速度等，都应按人的中、下限能力进行设计，使控制器能适合大多数人的操作。

对要求速度快且准确的控制，应采取用手动控制或指动控制器，例如按钮、扳动开关或转动式开关等；对用力较大的控制，则应设计为手臂或下肢操作的控制装置，例如手柄、曲柄或转轮等。

② 控制装置的运动方向要同机器设备的运行状态、人的习惯性动作相协调。例如，司机驾驶汽车时，操纵方向盘转动方向与汽车转弯方向是一致的，手在水平面动作比在垂直面内的动作要准确。

③ 控制装置要容易辨认。无论其数量多少、排列布置及操作顺序如何，都要求能够被操作者迅速准确地辨认出。如在控制装置的外形、大小和颜色上进行区别，还可采用明显的标志以示区别。

④ 尽量利用自然的操作动作或借助操作者某个身体部位的重力（如脚踏开关）进行控制。对于重复或连续性控制动作，要使身体用力均匀而不要只集中于某一部位用力，以减轻疲劳和单调厌倦的感觉。

⑤ 在条件许可的情况下，尽量设计成多功能的控制装置。一些机床上用一根操纵杆兼管主、副变速箱的换挡操作，就是一种多功能控制装置的实例。

⑥ 控制装置的造型设计，要求尺寸大小适当、形状美观大方、位置合理、结构简单，给

操作者以舒适的感觉。

⑦ 保证控制的安全性，防止外伤和偶发启动。

在设计中为了保证系统高效，一般要求各种控制器都处于在人体躯干不活动时手足所能及的范围之内；为了保证操作者的舒适和不易疲劳，必须保证人的控制活动处于人体各部活动舒适姿势的调节范围内。

2. 控制装置设计的编码

将控制装置进行合理编码，使每个控制装置都有自己的特征，以便于操作者确认不误，是减少控制差错的有效措施之一。

（1）形状编码

对不同用途的控制装置，可设计成不同的形状以示区分。这是一种容易被人的视觉和触觉辨认的、效果较好的编码方法。形状编码要简单易识别，尽可能使控制装置的形状与控制装置的功能有逻辑上的联系；另外，还要考虑到操作者戴手套也能较好地分辨出不同形状和方便操作。如图6-40所示为美国空军飞机上常用的操纵杆的形状编码。

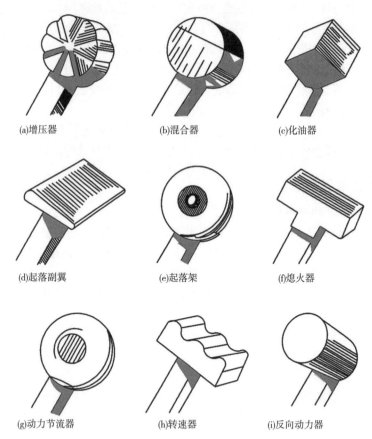

(a)增压器　　　　　　(b)混合器　　　　　　(c)化油器

(d)起落副翼　　　　　(e)起落架　　　　　　(f)熄火器

(g)动力节流器　　　　(h)转速器　　　　　　(i)反向动力器

图6-40　美国空军飞机上常用操纵杆的形状编码

（2）尺寸编码

利用控制装置尺寸大小进行编码时，一般大控制装置的尺寸要比小控制装置的尺寸大20％以上，控制才能准确把握。由于大小编码的视觉和触觉感知度小的原因，所以大小编码形式的使用是有限的，一般都与形状编码组合使用。通常，在同一系统中只能设计大、中、小三种规格。

（3）位置编码

利用安装位置的不同来区分控制装置，称为位置编码。通常，位置编码的控制装置数量不能太多，并且须与人的操作程序和操作习惯相一致。若位置编码实现标准化，操作者可不必注视控制装置就能正确操作。如在汽车上，脚踏离合器和脚踏油门布置在两侧，对应左右脚的位置。

（4）颜色编码

利用不同颜色来区分控制装置，称为颜色编码。颜色编码受使用条件限制，因为颜色编码只能在照明条件较好的情况下才能有效地靠视觉分辨。通常，色彩编码不单独使用，常与形状编码、大小编码合并使用。利用颜色进行编码，颜色种类不宜过多，否则容易混淆，不利于识别。

（5）标志符号编码

在控制装置上面或侧旁，用文字或符号作出标志直观地表示其功能，也是一种行之有效的编码方式。这样，可省去大脑记忆每个控制装置功能和用途的过程，效率和准确度较高。设计时，标志编码要求标志或符号本身应当形象生动直观、简明易懂。

3. 常用控制器设计

常用的控制装置有很多，比如按键、转臂开关、旋钮、控制杆、手轮、摇把和踏板等。控制装置的人机工程设计内容主要包括：控制装置的形状、尺寸、位置、操纵阻力、操纵的位移和方向等。

（1）按键

按键一般由手或手指操作。按键用手指按压的表面应有合适指槽的凹陷轮廓，以便手指揿压时稳定而不易滑脱。按键接触面大小应适合肌肉施力，同时应考虑不同群体生理结构和运动特征的差异，如老年人手机按键的设计，如图6-41所示，由于老年人手的运动精准度和速度降低，视觉能力下降，按键设计的尺寸普遍超大，以防止老人的误操作。在按键设计时要具体问题具体分析，设计参数如图6-42所示。

图6-41 老年人手机设计

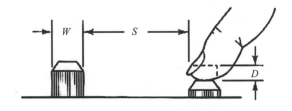

按钮尺寸

操作	W.方形边宽或直径			R.阻力				D.位移		S.间距 单指			
	指间/mm	拇指/mm	手掌/mm	单指/mm	其他/mm	拇指/mm	手掌或手指/N	指间/mm	拇指或手掌	简单操作/mm	连续操作/mm	不同手指/mm	拇指或手指/mm
最小 首选 最大	10, 10² — 25	19, 25² — 25	20 50 — 70	3 — 11		3 — 6	3 — 23	2 — 6	3 — 40	13 25 50 —	6 13 —	6 13 —	25 150 —

图6-42 按键设计参数

（2）旋钮

旋钮可以分为连续转动和定位转动两类，如目前吊扇的控制器中就存在无极旋钮开关和定位旋钮开关两种。对于连续旋钮，一般都采用精细控制，因此在设计中阻力较小，表面处理应该粗糙一些，以增加手感和摩擦。对于定位旋钮，阻力应该大于连续旋钮，同时，应使操作者在旋钮达到定位位置的时候获得明确的反馈。

旋钮设计应根据操作时使用手指或手的不同部位来确定，过大或过小都影响操作速度与准确性。旋钮的操纵力和适宜尺寸，如图6-43所示。

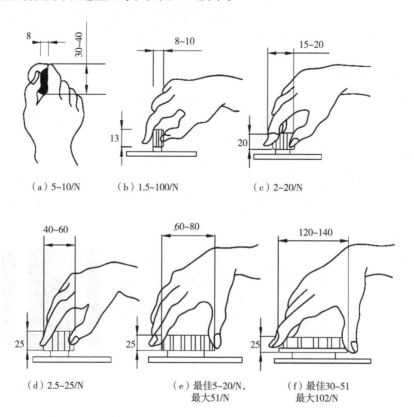

（a）5~10/N　　（b）1.5~100/N　　（c）2~20/N

（d）2.5~25/N　　（e）最佳5~20/N，最大51/N　　（f）最佳30~51最大102/N

图6-43　旋钮的操纵力和适宜尺寸（单位：mm）

（3）控制杆

控制杆的特点在于控制力可以大为增加。控制杆的运动方向可以分为上、下或前、后方向，如果控制杆的位置多于两个时，每个位置应该有定位槽口，如手动挡汽车的档位定位槽口设计。对于精密操纵杆，一般应该增加手腕支撑。

（4）把手和拉手

把手必须适合手的运动，所有的把手摸起来应该舒服。一般使用圆锥形把手或圆柱形的把手。细把手在重荷载作用下会断裂，太大的把手会让人感觉不可靠。直径为22~32mm的把手最合适。

五、手工具设计

优良的工具对于劳动作业的意义很早以前就被人认识到。人类的历史事实上就是手工具发展的历史。研究表明，由于手工具的使用对人造成的伤害大约占整个工作伤害的9%，常见的手部疾病有腱鞘炎、腕管综合征和网球肘等。因此手工具的设计质量非常重要。手工具的设计需要运用解剖学、运动学、人体测量学、心理学、卫生学以及工程技术等方面的综合知识，如图6-44所示，手柄形状设计与手掌的生理特点之间的关系。

手工具的形态、尺寸与其使用方式密切相关，两者互为前提、互相依存，共同决定使用的安全、舒适与高效。手工具不能孤立地设计，而是要和使用者的工作空间结合起来考虑。

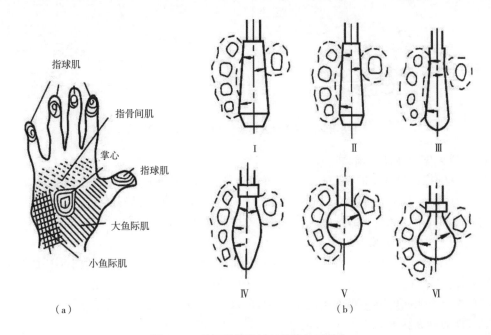

图6-44　手柄形状设计与手掌生理特点

1. 人的抓握姿势

人手具有极大的灵活性，加上手腕和手臂的转动，其作业范围能满足各种动作要求。从抓握方式看，主要有着力抓握和精确抓握。着力抓握时，抓握轴线和前臂几乎垂直，屈曲的手指与手掌形成夹握，拇指施力，根据力的作用方向不同，可分为：力与前臂平行（锯）、与前臂成夹角（钉、锤）及扭力（拧螺丝）。精确抓握时，工具由手指和拇指的屈肌夹住。精确抓握一般用于控制性的作业，如用小刀、握笔写字等。

2. 手工具设计的基本原则

（1）避免静肌负荷

如果上臂必须上举或长时间抓握，以及长时间地在水平面上使用直杆工具，都会造成肌肉的静态负荷。

（2）保持手腕处于顺直状态

手腕顺直操作时，腕关节处于正中地放松状态，但当手腕处于掌屈、背屈或尺偏时，则会产生腕部酸痛、握力减小等不适，如果长时间地这样操作，容易造成腕部的各种疾病。如键盘布局设计不合理会引起腕部不适，从而造成腕管综合征。

通过改变抓握物体和人手臂的角度，也可以使人的手腕保持顺直状态。如图6-45尖嘴钳的改良设计及两种使用状态造成的疾病人数比较。此外，通过将工具的把手和工作部分弯曲到10°左右，也可以减少腕部的意外伤害。

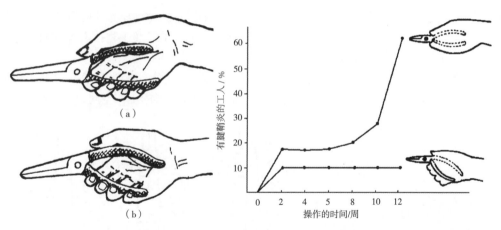

图6-45 尖嘴钳的改良设计及其使用状态比较

（3）避免掌部组织受压力

手工具的操作导致手的各部分受力，特别是手掌等一些压力敏感区域会因受力妨碍血液在尺动脉的循环，从而引起局部缺血，导致麻木、刺痛感。手工具的设计应该使压力分布在较大的手掌面积上，减少局部受力，通过增大抓握截面减少手部组织的压力，如图6-46所示。

（4）避免手指重复动作

反复用食指操作扳机式控制器，会导致扳机指症。手机一族由于长时间使用拇指操纵按键，拇指容易患上扳机指。在手工具设计时应该避免拇指和食指的重复运动，适当采用指压板的方式有效分布各个手指的负担，如图6-47所示，这样的设计可以让各个手指分担并解放了拇指。

3．脚动操纵器设计

为便于脚施力，脚踏板多采用矩形和椭圆形平面板，而脚踏钮有矩形、也有圆形（图6-48）。

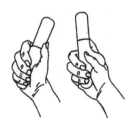

（a）传统把柄　（b）改良后把柄

图6-46　避免掌部压力
的把手设计

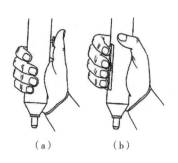

（a）　　　　（b）

图6-47　避免单个手指的重
复动作的设计

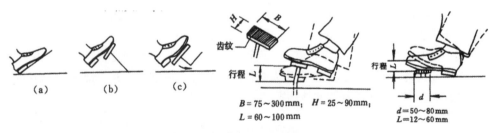

（a）　　　（b）　　　（c）

$B = 75 \sim 300 mm$；$H = 25 \sim 90 mm$；
$L = 60 \sim 100 mm$

$d = 50 \sim 80 mm$
$L = 12 \sim 60 mm$

图6-48　脚动操纵器设计

第八节 控制与显示的相合性设计

产品的控制装置常常与显示装置联合使用，在设计控制装置与显示装置的时候，不仅应当考虑他们各自的设计原则，同时还应该考虑他们之间的配合关系，即相合性，它反映了人机关系的一种形式，涉及人与机之间的信息传递、信息处理与控制指令的执行，以及人的动作习惯与定式。

控制与显示的相合性设计在不同的产品发展阶段呈现不同的形式。机械类的产品，控制和显示设计具有比较直接的对应关系。拿Tivoli Audio收音机调谐器设计来说，如图6-49所示，它直接将内部电子元件和外部机械组件连接起来，当人进行调节的时候，旋转的跨度不仅能够通过视觉刻度盘显示，还能通过手指和肌肉群的运动范围进行定位。而与这种非常直

图6-49　Tivoli Audio收音机调谐器设计

观的显示和控制相合性设计相比，电脑、手机等数字产品的控制与显示设计则完全不同：手的运动、按键控制以及显示屏上的图像之间的距离不同于收音机的控制与显示的设计距离，电脑内部所发生的往往不是直接对应的反馈，我们的物理世界的控制与电脑的虚拟处理和最终显示器呈现的世界好像差了十万八千里。在这种产品趋势下，更需要对显示和控制的相合性进行良好设计。

一、空间位置相合性

控制装置与显示装置的空间位置应相互保持协调关系，并符合人们的对空间习惯的思维定式，这叫做位置相合性。如图6-50所示，控制与显示的不同对应方式，它们之间相互位置的排列应该有利于认读和操作。

控制装置与显示装置的空间位置如果违反人们的习惯，经过一定的培训，在正常情况下也是可以安全操作的。但如果遇到紧急、危险的情况时，容易恢复到原有的习惯去控制，这样就极易发生误操作的事故。

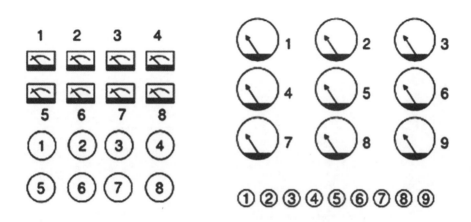

图6-50　控制与显示的空间相合性

二、运动方向相合性

控制装置与显示装置在运动方向上的协调叫运动方向相合性。这种相合性表现了两者运动之间关系的逻辑合理性和运动的直观性，并且要符合人感知的"习惯定式"，这样才便于记忆、掌握，操作效率才可以达到最优。但是控制装置和显示装置的类型很多，运动方式多种多样，而且两者也未必位于同一平面上，所以运动方向的相合性问题比较复杂。不过总有一个较好的对应关系能使控制动作达到最佳效果。

三、控制装置与显示装置编码的一致性

控制装置与显示装置的编码要一致，例如用表示危险的红色来标明制动和停止，用表示安全的绿色来标明运动和通过等。此外相合性受人的行为和认知习惯因素影响很大，各种产品使用的旋钮，一般都是顺时针转动表示数值增大，逆时针转动表示数值咸小，倘若颠倒过来进行设计，就很容易产生误操作，甚至引发事故。

四、控制–显示比

在考虑控制装置与显示装置的配合关系时，还应考虑两者位移量的比例关系，即控制–显示比。当控制装置的位移量很大，但显示装置的位移量却很小时，灵敏度低；当控制装置的位移量较小，但显示装置的位移量却较大时，则灵敏度高。同样，声音控制和声音显示之间的比例关系与人的听觉舒适性有很大的关联，耳机线控的调节就不适合快速调到预定位置的做法。

系统如何选择最佳控制–显示比，完全取决于该系统的设计要求和工作性质，一般是通过对系统的实验来确定。

第七章　工业产品造型设计的程序与方法

第一节　工业产品需求与调查

企业的市场部门平时需要搜集大量的市场信息，这些信息应当做到客观准确，便于企业的决策者能够从中发现市场空白，提炼出用户需求，从而做出产品研发的判断。在产品研发初步方向确定后，市场部门还需要有目的地搜集具体信息。方便决策者对于初步判断进行深入分析，从而检验最初产品研发定位的准确性。

1. 市场调研的内容

除了传统的市场研究内容以外，工业设计行业会要求调查一些不同的内容，作为对科学化的、以数理统计为基础的传统市场研究方法的补充。其信息搜集的侧重点倾向于以下几个方面。

（1）人口环境

人口情况包括人口数量、家庭户数及其未来变化的趋势、各年龄段人口数量和比例。人口变化对产品的定位和市场决策有重大影响。

（2）经济因素

经济的发达程度，影响着该地区消费者的购买能力和购买欲望，因此经济发达程度决定新产品的市场定位，并对产品开发决策起着重要的引导作用。在常规的市场调查中常见的经济指标有：国内生产净值GDP（Gross Domestic Product）；社会商品零售总额及人均社会商品零售额；居民存款余额及人均存款余额；居民人均年收入。

（3）社会文化

社会文化影响着人们的生活方式、价值观念和消费习惯，是社会生活中深层次的部分。从根本上决定着市场的格局。在崇尚节俭的社会风气影响下，以最低的价格换来功能或者质量的最大化是市场价值的体现。这就要求产品要降低成本，降低售价，以满足消费者的市场需求。在物资极大丰富的消费人群中会形成特殊的分众市场，在这一市场中产品功能和质量只能作为满足用户需求的最低保证，用户在选择产品的时候更多的是考虑用户的体验和使用产品时所带来的附加价值，如社会地位的体现、自我价值的实现等。

（4）科学技术

科学技术的进步是促进新产品出现、老产品消亡的最决定性的原因。新技术的出现可以使一个默默无闻的小企业一夜之间成为商业巨头，也可以让商业帝国瞬间崩塌。

作为胶片时代当之无愧的霸主，柯达是全球为数不多的百年老店之一。在胶卷摄影时代，柯达曾占全球2/3市场份额，130年攒了1万多项技术专利。在巅峰时期，柯达的全球员工达到14.5万。它吸引了全球各地的工程师、博士和科学家前往其纽约州罗彻斯特市的总部工作，很多专业人士都以在柯达公司工作为荣。但进入数字时代后，柯达却已经固守自己的胶片市场，不思改变。柯达传统影像部门2007年销售利润就从2000年的143亿美元锐减至41.8亿美元，跌幅达71％。2012年1月19日美国伊士曼柯达公司宣布已在纽约州申请破产保护。富有戏剧性的是打倒这个巨人的竟然是自己的一个发明。1975年，美国柯达实验室研发出了世界上第一台数码相机，但由于担心胶卷销量受到影响，柯达一直未敢大力发展数码业务。

2．市场细分

市场细分是20世纪50年代中期提出的概念，在此之前企业认为消费者是无差别的。将生产的产品针对的是市场上所有的消费者，认为只有将市场定位最大化才能获取最大的经济收益。在物资匮乏的市场时代，这种笼统的销售哲学确实为企业带来了巨大的收益。但随着经济的发展和市场竞争的加剧，企业的利润受到冲击。这时企业才不得已将市场进行细分，进行精细化营销，为单独的市场进行分渠道的宣传和营销，以这样的方式在竞争激励的市场中将自身的利润最大化。市场细分如今已经成为企业营销的共识，市场被进行了细致的划分，企业都在市场这块大蛋糕上寻找着属于自己的那一块。

常见的市场细分的标准有以下几种。

（1）地理因素

由于生活习惯、生理特点、社会文化的差异，不同地域的消费者会显示出不同的消费观念。对于市场细分来说地理因素是一个重要的细分标准。但同一地域的消费者也会显示出千差万别的需求，因此地理因素只能作为其中一个衡量标准。在此基础之上还需要考虑其他的因素，如性别、年龄、收入等。

（2）人口统计因素

人口统计不仅包括人员数量，还包括很多其他因素，其中性别、年龄、教育程度、职业、家庭规模是最常用的市场细分因素。因为消费者对于产品的需求往往与人口统计因素有密切关系（表7-1）。

表7-1　人口统计因素

人口统计因素										
性别		年龄段					收入水平			人口统计单位	
男	女	婴儿市场	青少年市场	青年市场	成年人市场	老年人市场	低收入	中等收入	高收入	个人	家庭

（3）心理因素

心理细分是建立在价值观念和生活方式基础上的。心理特征和生活方式是新环境下市场细分的一个重要维度。由于经济基础和教育环境等因素导致消费者的消费心理存在很大的差异。心理状态直接影响着消费者的购买趋向。在经济收入较低的消费人群中，以最优惠的价格获取最大的功能，是这一人群对于价值的认同。但在比较富裕的社会中，顾客购买商品已不限于满足基本生活的需要，心理因素左右购买行为较为突出。在物质丰裕的社会，需求往往从低层次的功能性需求向高层次的体验性需求发展，消费者除了对商品的物理功能外，对于品牌所附带的价值内涵和社会地位体现也有所要求。

3．定位目标市场

企业在细分市场后，需要对各个细分市场进行综合评价，并从中选择有利的市场作为市场营销对象，这种选择确立目标市场的过程叫做定位目标市场。

企业要开发一款新的产品需要付出一定的成本代价，因此目标市场的选择就需要有足够的潜量，如果市场潜量小或者竞争过于激烈就有可能造成产品开发失败。进行目标市场定位，必须首先对要选择的细分市场进行经营价值的评价，细分市场必须是可测量的，这就是说，细分出的市场规模（人口数量）、购买力、使用频率等都是可测量的，必须用切实的数据作为参考，凭感觉做出的决策有可能会造成巨大的损失。

（1）估计该细分市场的市场规模和市场潜量

在选择细分市场的时候应该进行市场潜量的预估，如果市场潜量能够达到预估值就可以进行产品的研发及营销，相反就要调整开发计划，避免造成大的损失。

（2）估计企业在该市场上可能获得的市场占有率

企业应当评估细分市场中竞争对手的情况，在一般情况下，企业应该选择竞争者比较少的目标市场，或者相对于竞争对手自身具有明显优势，这样企业才会有较大的利润空间。

（3）核算成本和利润，看看能否盈利

利润是企业的终极目标，因此选择目标市场时，必须进行详尽的调查和考核。企业只有科学严谨地对细分市场做深入细致的考核后，才能结合自身特点，决定是否选择这一细分市场。

4. 目标市场的确定方法——反义概念图法

这项作业首先是从收集相关产品样本资料开始，样本覆盖面要全，数量要足够多，这样调查分析才有参考价值。将各种产品的功能和用途进行分类，就功能和用途设定几个能够涵盖市场倾向的关键词，并以其为基准将产品进行分类。实际做法是：

① 使用李克特（Likert）量表对于被调查的产品样本进行属性定位，被调查对象可以选择有代表性的目标消费者来进行。被调查者在符合自己感受的选项下划勾（图7-1）。

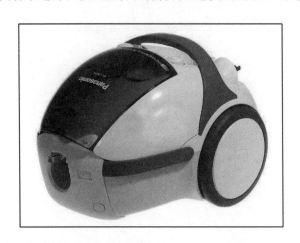

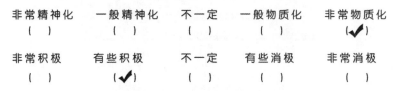

您认为产品样本（代号：00153）：

非常精神化	一般精神化	不一定	一般物质化	非常物质化
（ ）	（ ）	（ ）	（ ）	（✔）

非常积极	有些积极	不一定	有些消极	非常消极
（ ）	（✔）	（ ）	（ ）	（ ）

图7-1　样本属性调查表示例

② 建立一个由X轴和Y轴构成的概念框架（图7-2），分别在X轴和Y轴两端配置反义关键词。这样便可以对产品分布情况进行比较分析，从而掌握市场倾向。

③ 将处理后的被调查样本放入概念框架中，观察现有产品的属性分布，并寻找市场空白。

这种方法在市场细分中广为应用。图中产品分布越接近上下左右的位置，属性就越明确，越接近中心位置，属性就越模糊。

为了正确把握产品的市场特性，要设定不同的关键词对X轴和Y轴上的关键词进行置换。如：在X轴上设定"精神的"和"物质的"关键词，在Y轴上设定"日常"和"非日常"关键词（图7-3）。

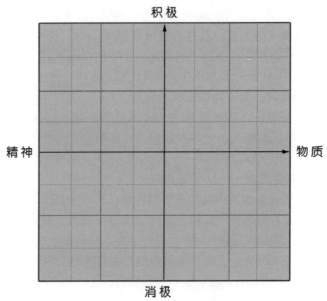

图7-2　反义概念框架图

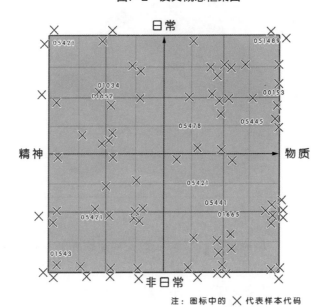

注：图标中的 ✕ 代表样本代码

图7-3　将样本放入反义概念框架图

如果样本在坐标中分布均匀就说明在这一细分市场中竞争激励，可以尝试更换一组反义关键词"消极"和"积极"。重新对样本进行调查并将结果放入坐标之中，再观察样本的分布情况（图7-4）。如果坐标中出现了明显的空白区域，就说明在这以细分市场之中竞争较少，存在市场空白。

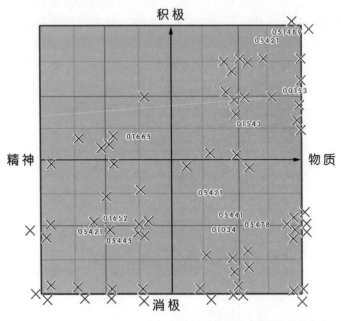

注：图标中的 ✕ 代表样本代码

图7-4　更换反义关键词

第二节　工业产品开发与设计

　　产品的市场定位确定后需要进行概念设计，所谓产品概念是指产品设计所需要达到的目标，比如产品总体性能、结构、形状、尺寸和系统性特征参数的描述。概念设计是对设计目标的第一次结构化的、基本的、粗略的，但却是全面的构想，它描绘了设计目标的基本方向和主要内容。

　　市场需求是产品概念设定的出发点，产品概念来自于市场有关的几个方面：用户、销售者、科技人员、中间商人、企业生产人员和管理人员，乃至竞争对手。概念设计是由分析用户需求到生成概念产品的一系列有序的、可组织的、有目标的设计活动，它表现为一个由粗到精、由模糊到清晰、由具体到抽象的不断进化的过程。最终产生的产品概念需要用明确的形容词进行描述以便于产品设计能够达到的放矢，如外观颜色红色，倒角圆滑等。

　　概念产品设计是决定设计结果的最有指导意义的重要阶段，也是产品形成价值过程中最有决定意义的阶段。它需要将市场运作、工程技术、造型艺术、设计理论等多学科的知识相互融合综合运用，从而对产品做出概念性的规划。

　　（1）*产品概念设计所包含的内容*
　　产品的概念所包含的内容主要体现在以下几个方面。
　　①*产品的功能描述*　产品的功能包括主要功能、次要功能与辅助功能的确定。任何一样

产品都有功能多样性、多重性和层次性的区分。如一个手机主要功能是通话和短信，辅助功能有看时间、玩游戏等。另外产品的功能是多层次的，除了产品本身的功能外，还包括附加功能，如社会功能，手机的档次能体现使用者品味和身份等。

② 产品的形态、结构描述　产品形态设计是行业共性和设计师个性思维的结合，这个阶段如果以设计师为主导，缺少量化操作的方法，其结果也就难以预测。因此应当通过一定的方法对于产品形态进行限定，让设计师在工艺和市场允许的范围内进行设计，这样一方面发挥了设计师的创造力，另外也不至于天马行空，设计出的产品无法满足市场的需求。

产品的形态描述包括表7-2中的几个方面：

表7-2　产品的形态、结构描述

产品形态因素	描述内容
风格取向	确定一种风格，或传统或现代，或简或繁，或中式或西式，或本土或异域，或朴实或奇丽
造型特色	造型特色与风格有许多相通之处，然而在造型手法上却可以各有特色
装饰形式	无论传统或现代产品，当今都需要采用一定的装饰形式和装饰手法进行装饰。如色彩、肌理、纹样等，如何装饰是形态构想的重要内容
材料选用	在概念设计阶段，应基本确定产品所用基材、表面装饰材料、辅助材料等。并对其性能和档次进行具体的设定

（2）产品概念设计所使用的方法

产品概念包括功能概念和形态概念，功能概念可以使用情节分析法。

已经有很多人在探索将讲故事应用于工业设计，产品开发过程的故事化，即情节分析法。对于产品设计进行定位首先应当明确目标用户的需求。确定这种需求通常采用情节分析的形式。在确定目标用户的基础上，通过情节描述的方式来进行浸入式的思考，并从中提炼出产品的需求，并把需求转化为产品设计的概念。一般说来情节描述可包含如下内容：

① 人物角色：目标用户；

② 做什么：用户需求；

③ 如何做：采取的行为；

④ 时间和空间：在什么时候和什么环境做这件事。

情节分析法的表现形式可以是绘画或者文字剧本描述等。不论是哪种形式，首先都应设定角色，角色设定要全面、具体，这样才能从不同的角度深入地思考用户需求。

形态概念描述可以借鉴"前向定性推论式感性工学"中的"语汇层次分级法"。该方法主要利用层次递推的方法建立树状的相关图，然后推演求得设计上的细节。其细节指的是形态设计定语，如边缘光滑、2种颜色等。这样做的目的是所得出的结果要通过设计管理者的认真分析，将消费者所陈述的日常生活用语转化为设计师所能理解的图形、符号、表格等，以此来指导接下来的设计。这样就给设计师设定了设计的边界，设计的形态不至于天马行空，脱离用户的实际需求（表7-3）。

表7-3　语汇层次分级法示例

根语汇	子语汇	二级子语汇	N级子语汇	定性	描述
用户体验良好	UI设计合理	指示明确	信息传达直接，不产生信息异议	功能指示	重点功能操作用文字或者图形提示
		反馈恰当	用户操作后会有明确的信息反馈	信息交互	添加屏幕或指示灯来进行信息交互
		构架合理	产品交互架构清晰没有操作死点	信息交互	完善的信息交互层次
	外观统一	形态统一	造型语言一致	产品形态	整体造型弧线为主
		色彩统一	冷色调	产品颜色	蓝色为主色调，白色为辅助色调
		……	……	……	……

通过语汇层次分级法就可以得到以下限定条件：

① 重点功能操作用文字或者图形提示；

② 添加屏幕或指示灯来进行信息交互；

③ 设定完善的信息交互层次；

④ 整体造型弧线为主；

⑤ 蓝色为主色调，白色为辅助色调；

……

根据这些限定语汇再进行产品造型设计就能做到有的放矢，提高工作效率。同时又给设计师留出了足够的创意发挥的空间。

（3）概念设计的评估

在产品概念设计的初期会生成大量的概念，但这些概念不可能全部实现，因此有必要进行筛选。在筛选时必须考虑两个重要因素：第一，新产品的概念是否符合企业的目标，如利润目标、销售稳定目标、销售增长目标和企业总体营销目标等。第二，企业是否具备足够的实力来开发所构思的新产品，这种实力包括经济和技术两个方面。在评价时应当避免决策者之一言堂的局面。组织结构合理的评估队伍，该队伍应当包括决策者、市场部门、设计部门、加工制造部门、营销部门、顾客代表等。让各部门的人员共同参与评估，站在自己专业的角度和立场提出修改意见，使产品概念符合各方面的利益诉求，具体来说有以下几点。

① 消费者的观点　对于消费者而言，满足需求是他们对新产品最主要的诉求。在满足需求的基础之上还应给用户提供良好的用户体验。

② 交易商的观点　交易中间商关注的是新产品是否具有市场吸引力与竞争力，能否为中间交易过程创造附加价值。

③ 营销部门的观点　对营销部门而言，产品概念代表能够满足顾客需求的具体产品功能特色的描述。营销人员就是所谓顾客心声的代言人。

④ 研发部门的观点　研发部门较多是从技术观点来描述新产品的内涵特征，他们较重视新技术的采用与产品功能的设计。

⑤ 生产部门的观点　生产制造部门视产品为零件制造与组合的过程，制造的可行性、质

量与成本控制、制造资源能力与产品生产的契合程度等，才是制造部门主要关切的课题。

但是在很多时候各部门的利益是冲突的，例如造型部门在设计产品的时候追求的形态的美感和用户体验得愉悦性，可能会将产品造型设计得非常复杂。而生产加工部门从生产加工的角度出发会希望将产品设计得尽可能的简洁，这就会形成部门间利益的冲突。当不同的利益方发生冲突时，应当寻找其利益的共同之处，也就是产品概念设计的核心利益。

在寻找核心利益时应当对利益方的重要程度进行区分。一般的优先级顺序为：顾客需要、交易商需求、投资回报、时间与竞争因素、本身能力。

第三节　工业产品设计与表现

产品的造型设计与结构设计，根据上一步所提炼出的产品概念进行产品的具体化实现。具体包括产品的功能设计、外观设计、人机交互设计、用户体验设计等。在这一阶段需要在产品概念的约束之下制作大量的设计方案。将产品功能、形态的可能性最大化实现，使新产品达到最好的状态。在这一环节所做的工作大致包括概念草图绘制、效果图绘制、参数化模型制作、外观手板制作、模具制作等。

1. 草图

进入产品设计环节后第一个工作就是绘制草图，草图绘制分为两个阶段。

① 第一个阶段的草图是研究性草图（图7-5），我们可以将其理解为设计思考的过程。通过简洁准确的线条将设计师的思路进行记录，以便于对于设计师的想法进行启发和进一步深化。这一阶段的设计思维是发散性的，在产品概念的约束下要尽可能衍生出无数的可能性。这一阶段需要绘制大量的草图方案，以便于设计师深入思考，由量变转换为质变，从而设计出比较成熟的方案。

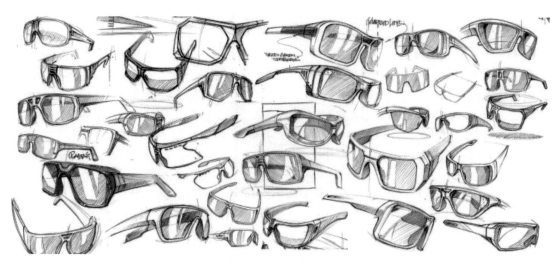

图7-5　研究性草图

② 第二阶段的草图我们称为表现性草图（图7-6）。从研究性草图中挑选出重点方案进行深入表现，这时应用严谨的逻辑思维对设计方案进行规整，从而具有可操作性。表现性草图我们需要考虑功能的实现、结构的合理、用户体验的愉悦、材质的选择等。

表现性草图是设计师进行深入思考的一种手段，同时也可以利用表现性草图与其他部门进行交流。因此表现性草图应当清晰易懂，符合透视规律，不出现视觉误差。

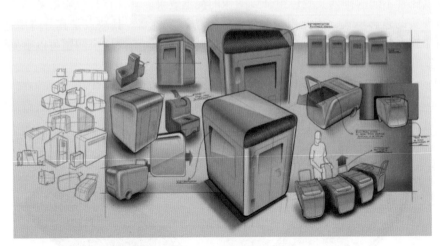

图7-6 表现性草图

2. 效果图

草图方案确定后需要制作精细效果图，用于效果演示和方案汇报。产品的效果图按照绘制方法可以分为两种。

① 手绘效果图 早期的效果图主要以水粉材料为主，辅助以气泵、喷笔、模板等工具来完成，但由于绘制起来不方便（占地面积大、携带不方便、噪声较大等缺点）现在使用的并不是很多，但一些对于手绘有着偏好的企业或者设计师还在坚持这种表现方法（图7-7）。

图7-7 手绘草图

② 计算机辅助绘制效果图 随着计算机技术的发展，出现了很多绘制效果图的软件。设计师通过一些常用设计软件，比如3dmax、photoshop来表现出精美逼真的产品效果。电脑效果图分为两种形式：一种是二维电脑效果图，另一种是三维电脑效果图。

a.二维电脑效果图：二维电脑效果图可以使用二维绘图软件（位图）进行绘制，也可以使用二维绘图软件（矢量）进行绘制（图7-8）。

位图图像，亦称为点阵图像或绘制图像，是由称作像素（图片元素）的单个点组成的。位图图像以像素不同的排列及颜色组合成图像的视觉效果。其优点是色彩细腻丰富，由于采用了模拟现实的色彩模式，因此用于效果图绘制仿真度较高。其缺点是其分辨率是固定的，如果将图片放大超过原有尺寸，就会使图片质量大大下降。解决这个问题可以事先设置好图片文件的分辨率。

常用的二维绘图软件（位图）包括photoshop、comicstudio、Painter、sai、ArtRage、SketchBook等。Photoshop功能非常强大，可以利用其选区工具和路径工具直接进行二维产品效果图的绘制。其他的软件一般需要配合数位板在电脑上直接进行手绘。

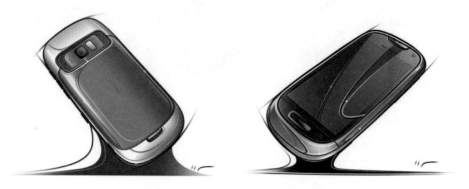

图7-8　二维绘图软件（位图）效果图

矢量图使用直线和曲线来描述图形，这些图形的元素是一些点、线、矩形、多边形、圆和弧线等，它们都是通过数学公式计算获得的，体积一般较小。矢量图形最大的优点是无论放大、缩小或旋转等不会失真；最大的缺点是难以表现色彩层次丰富的逼真图像效果。由于矢量软件具有强大的路径功能，因此在产品效果图的绘制中可以发挥重要作用。常用的二维绘图软件（矢量）有Illustrator（图7-9）、FreeHand、Corel DRAW等。

图7-9　Illustrator绘制的产品效果图

二维绘图软件具有其独特的优势：

i.在操作过程中受电脑软件功能限制较少，可以将设计师的想法充分表达；

ii.相比较三维效果图速度大大提升，可用于前期的设计思维表达；

iii.表现力强，二维软件功能丰富，可将设计师手绘表现力大幅度提升。

b.三维电脑效果图：

三维电脑效果图是由三维软件进行建模，利用渲染软件或者插件进行渲染，以此得到的产品效果图。常用的表现性三维建模软件有3dmax、rhino、softimage等。这一类软件不依赖于模型尺寸，对于模型的配合也没有要求，无法用于计算机辅助加工。但在产品的效果表现方面具有出色的表现。

Rhino是美国Robert McNeel&Assoc.开发的PC上强大的专业3D造型软件，它可以广泛地应用于三维动画制作、工业制造、科学研究以及机械设计等领域。它能轻易整合3DS MAX与Softimage的模型功能部分，尤其擅长建立要求精细、弹性与复杂的3D NURBS模型。能输出obj、DXF、IGES、STL、3dm等不同格式，并适用于几乎所有3D软件，尤其对增加整个3D工作团队的模型生产力有明显效果。

但rhino的渲染模块并不强大，往往需要依赖第三方插件进行渲染。常用的渲染插件有vray、finalrender、brazil、keyshot等。

3D Studio Max，常简称为3ds Max或MAX，是Autodesk公司开发的基于PC系统的三维动画渲染和制作软件。其前身是基于DOS操作系统的3D Studio系列软件。在Windows NT出现以前，工业级的CG制作被SGI图形工作站所垄断。3D Studio Max+Windows NT组合的出现一下子降低了CG制作的门槛，使得三维效果图得以普及。在工业设计、建筑设计、室内设计、环艺设计、影视动画等领域有突出的表现，并且3dmax具有很好的兼容性，能够兼容大多数的三维模型格式，除了本身非常优秀的渲染功能外，还能够内嵌多个主流的第三方渲染插件，使得3dmax成为了很好的3d效果图制作平台。

第四节　工业产品展示与验证

1. 参数化数字模型制作

产品的方案定稿后就转入产品的结构设计阶段。这个阶段我们需要建立产品方案的计算机数字模型，以方便对于产品进行计算机辅助加工和虚拟分析。在产品开发初期，产品方案的零件形状和尺寸有一定模糊性，要在装配验证、性能分析和数控编程之后才能确定。这就希望零件模型具有易于修改的柔性。参数化设计方法就是将模型中的定量信息变量化，使之成为任意调整的参数。调整一个零件的尺寸，与之相关的零件尺寸都随之改变，这对于复杂产品的设计和产品的系列化设计有着重要的意义。

常用的参数化三维建模软件有Solid works、Pro-e、UG、CATIA等。

（1）Solid Works

Solid Works软件是世界上第一个基于Windows开发的三维CAD系统，由于使用了Windows OLE技术、直观式设计技术、先进的Para solid内核（由剑桥提供）以及良好的与第三方软件的集成技术，Solid Works成为全球装机量最大、最好用的软件。Solid works功能强大、易学易用和技术创新是Solid Works的三大特点，使得Solid Works成为领先的、主流的三维CAD解决方案。Solid Works能够提供不同的设计方案、减少设计过程中的错误以及提高产品质量。

Solid Works不仅提供如此强大的功能，同时对每个工程师和设计者来说，操作简单方便、易学易用。据世界上著名的人才网站检索，与其它3D CAD系统相比，与Solid Works相关的招聘广告比其它软件的总和还要多，这比较客观地说明了该软件在设计领域的普及程度。

（2）ProE

pro-e是Pro/Engineer的简称，更常用的简称是ProE或Pro/E，Pro/E是美国参数技术公司（Parametric Technology Corporation，简称PTC）的重要产品（表7-4），在目前的三维造型软件领域中占有着重要地位。pro-e作为当今世界机械CAD/CAE/CAM领域的新标准而得到业界的认可和推广，是现今主流的模具和产品设计三维CAD/CAM软件之一。

表7-4　Pro/E建模的特征

Pro/E建模的特征	
参数化设计	参数化设计在当今并不是一个很新的概念，但Pro/e对于参数化有着重要的意义，因为Pro/e第一个提出了参数化设计的概念，并且采用了单一数据库来解决特征的相关性问题
操作方式直观简便	Pro/E具有人性化的操作方式，建立模型可以使用直观的操作方法来实现。工程设计人员采用具有智能特性的基于特征的功能去生成模型，如：腔、壳、倒角及圆角，并可以在草图和三维模型之间形成联动，更改草图，就可以轻易改变模型。这一功能特性给工程设计者提供了在设计上从未有过的简易和灵活，特别是在设计系列化产品上更是有得天独厚的优势
单一数据库	Pro/Engineer是建立在统一基层上的数据库上，不像一些传统的CAD/CAM系统建立在多个数据库上。所谓单一数据库，就是工程中的资料全部来自一个库，这使产品的开发更具有团队意识，每个人的工作都存在联动关系。在开发过程中就开始了沟通交流，避免了设计人员各自为战，最后又无法协调的情况
直观装配管理	Pro/Engineer的基本结构能够使您利用一些直观的命令，例如"贴合"、"插入"、"对齐"等很容易地把零件装配起来，同时保持设计意图。对于一些复杂的产品，Pro/e具有高级的功能进行支持和管理，这些装配体中零件的数量不受限制，这为开发大型产品提供了可能

（3）UG

UG（Unigraphics NX）是Siemens PLM Software公司出品的一个产品工程解决方案，它为用户的产品设计及加工过程提供了数字化造型和验证手段（表7-5）。

表7-5　UG NX主要功能

UG NX主要功能	
工业设计和风格造型	UG NX为那些培养创造性和产品技术革新的工业设计和风格提供了强有力的解决方案。利用UG NX建模，工业设计师能够通过直观的操作方法轻松建立起工业级的曲面，利用自带的渲染功能可以将参数化模型以真实美观的形式呈现，满足了工业设计的审美要求
丰富的设计模块	UG NX为产品设计各个环节提供了广泛的应用模块。如高性能的机械设计和制图功能模块、线路和管路设计模块、钣金模块、塑料件设计模块等
仿真、确认和优化	UG NX允许制造商以虚拟的方式仿真、确认和优化产品及其开发过程。在开发设计的早期就能通过计算机模拟的方式提升产品的质量和功能，避免了实物测试的昂贵费用
NC加工	UG NX能够和CAM无缝地配合，将参数化模型快速地制作出实物。其UI设计非常直观，用户可以在图形方式下观测刀具沿轨迹运动的情况，并可对其进行图形化修改。UG软件所有模块都可在实体模型上直接生成加工程序，并保持与实体模型全相关，减轻了NC加工编程的工作量
模具设计	UG是当今较为流行的一种模具设计软件。模具设计的流程很多，其中分模就是其中关键的一步。分模有两种：一种是自动的，另一种是手动的，当然也不是纯粹的手动，也要用到自动分模工具条的命令，即模具导向
开发解决方案	NX产品开发解决方案完全支持制造商所需的各种工具，可用于管理过程并与扩展的企业共享产品信息。NX与UGS PLM的其他解决方案的完整套件无缝结合。这些对于CAD、CAM和CAE在可控环境下的协同、产品数据管理、数据转换、数字化实体模型和可视化都是一个补充

工业产品造型设计

UG主要客户包括，克莱斯勒、通用汽车、通用电气、福特、波音麦道、洛克希德、劳斯莱斯、普惠发动机、日产以及美国军方，充分体现了UG在高端工程领域，特别是军工领域的强大实力。在高端领域与CATIA并驾齐驱。

（4）CATIA

CATIA是法国达索公司的产品开发旗舰解决方案。它可以帮助制造厂商进行新产品的开发，并支持从项目前阶段，具体的设计、分析、模拟、组装到维护在内的全部工业设计流程。

CATIA之所以能成为享誉全球的顶级工业设计软件，是因其具有核心技术，为工业设计的参数化和并行化提供了可能。其核心技术有：

① CATIA先进的混合建模技术　a.设计对象的混合建模：在CATIA的设计环境中，无论是实体还是曲面，做到了真正的互操作；b.变量和参数化混合建模：在设计时，设计者不必考虑如何参数化设计目标，CATIA提供了变量驱动及后参数化能力；c.几何和智能工程混合建模：对于一个企业，可以将企业多年的经验积累到CATIA的知识库中，用于指导本企业新手，或指导新车型的开发，加速新型号推向市场的时间。

② CATIA具有在整个产品周期内的方便的修改能力，尤其是后期修改性　无论是实体建模还是曲面造型，由于CATIA提供了智能化的树结构，用户可方便快捷地对产品进行重复修改，即使是在设计的最后阶段需要做重大的修改，或者是对原有方案的更新换代，对于CATIA来说，都是非常容易的事。

③ CATIA所有模块具有全相关性　CATIA的各个模块基于统一的数据平台，因此CATIA的各个模块存在着真正的全相关性，三维模型的修改，能完全体现在二维以及有限元分析、模具和数控加工的程序中。

④ 并行工程的设计环境使得设计周期大大缩短　CATIA提供的多模型链接的工作环境及混合建模方式，使得并行工程设计模式已不再是新鲜的概念，总体设计部门只要将基本的结构尺寸发放出去，各分系统的人员便可开始工作，既可协同工作，又不互相牵连；由于模型之间的互相联结性，使得上游设计结果可作为下游的参考，同时，上游对设计的修改能直接影响到下游工作的刷新，实现真正的并行工程设计环境。

⑤ CATIA覆盖了产品开发的整个过程　CATIA提供了完备的设计能力：从产品的概念设计到最终产品的形成，以其精确可靠的解决方案提供了完整的2D、3D、参数化混合建模及数据管理手段，从单个零件的设计到最终电子样机的建立；同时，作为一个完全集成化的软件系统，CATIA将机械设计、工程分析及仿真、数控加工和CATweb网络应用解决方案有机地结合在一起，为用户提供严密的无纸工作环境，特别是CATIA中的针对汽车、摩托车业的专用模块，使CATIA拥有了最宽广的专业覆盖面，从而帮助客户达到缩短设计生产周期、提高产品质量及降低费用的目的。

2. 样机模型制作

方案定稿阶段的一个非常重要的过程就是样机模型制作。样机模型也称为手板，手板就是在没有开模具的前提下，根据产品外观图纸或结构图纸先做出的一个或几个，用来检查外观或结构合理性的功能样机。手板目前在不同的地方亦称为首板。

因为产品方案从二维空间转到三维空间会产生视觉偏差，方案定稿后制作手板以检验产品的实体效果是否和方案效果存在差距，根据手板对于平面图纸进行修正。如果是制作大体量的产品（如汽车），直接制作原大手板，制作周期太长且成本过高。可以先制作1∶5的缩放手板，进行效果检验。这个步骤为了避免由于体量差别而带来的视觉误差。比如5cm汽车边缘倒角在1∶5的手板上看起来非常精致，但如果放大到原大后倒角就变成25cm，就会显得笨拙。因此有必要等视觉效果协调后制作1∶1的实物原大手板（图7-10）。

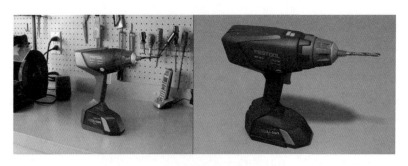

图7-10　手钻的电脑模型和手板

（1）手板的作用

① 检验结构设计　手板的制作可以在开模之前检验产品方案结构设计的合理性，如结构的合理与否、人机学尺度的合理性、安装的难易程度等。

② 视觉效果校正　设计方案从平面转为三维会有视觉偏差，通过手板的制作可以对于最终的效果进行校正。

③ 降低开发风险　通过对样机的检测，可以在开模具之前发现问题并解决问题，避免开模具过程中出现问题，造成不必要的损失。

④ 进行市场测试　手板制作速度快，很多公司在模具开发出来之前会利用样机做产品的宣传、前期的销售，以此作为市场反响的测试。

（2）手板的分类

① 按制作手段分　手板按照制作的手段分，可分为手工手板和数控手板。

② 按所用材料分　手板按照制作所用的材料，可分为塑胶手板、硅胶手板、金属手板。

a.塑胶手板：其原材料为塑胶，主要是一些塑胶产品的手板，比如电视机、显示器、电话机等。

b.硅胶手板：其原材料为硅胶，主要是展示产品设计外形的手板，比如汽车、手机、玩具、工艺品、日用品等。

c.金属手板：其原材料为铝镁合金等金属材料，主要是一些高档产品的手板，比如笔记本电脑、高级单放机、MP3播放机、CD机等。

（3）手板加工工艺

手板制作方式有手工制作手板和数控手板（表7-6）。在早期，没有相应的设备，数控技术落后，手板制作主要靠手工完成，工艺、材料都有很大的局限性。随着数控加工技术的出现，费时费力的收工手板现在已经非常少见了。数控手板精度较高，自动化程度高，加工的手板能体现批量生产产品的最终效果，所以当前数控加工的手板居多。数控手板按加工方法分为激光快速成型RP和CNC加工两种，两者各有其专门的加工材料。

表7-6　手工手板与数控手板的区别

手工手板	其主要工作量是用手工完成的	
数控手板	激光快速成型手板（Rapid Prototyping，RP）	主要是通过堆积技术成型，因而RP手板一般相对粗糙，而且对产品的壁厚有一定要求，比如说壁厚太薄便不能生产
	加工中心（CNC）手板	优点体现在它能非常精确地反映图纸所表达的信息，而且CNC手板表面质量高

第五节　工业产品设计的发展趋势

1. 智能化设计

随着社会信息化的加速，人们的生活、工作、社交与通讯、信息的关系日益密切，而智能化设计又成为了商品的广告宣传中的常用词。人们在满足基本的自身需求的同时，对产品使用的要求又指向了舒适、交互、通讯等诸多用途。随着现代家庭的家居环境被越来越多的家电产品所围绕，家电产品更迫切地需要基于整体环境考虑的智能化设计来改变现状。

（1）智能化的"高设计"

为提高人们的生活方式而设计的高档产品在西方被称之为"高设计"，而智能化的产品设计不断创新产品在使用上的功能之外，其设计与生产成本不外乎会再次加大砝码，可以说智能化设计的发展是市场经济和消费理念的更新代替。不同的消费人群、不同的购买心理、不同的使用理念都会是推动智能化设计发展的又一动力。

（2）智能化设计的未来化

设计的目的是在于满足人们生活的需要，而现代都市人迫切地需要的是一种短距离的追求和人情味厚重的产品使用环境。产品作为人们生活方式的物质载体，它必须在特定环境将人与产品联系于一体，以营造出一种和谐相容的居住氛围，让人们享受高端产品所带来的完美的使用感受。

2. 模糊化设计

在现阶段的设计领域，模糊化设计已渐渐成为了一种挑战传统的设计风格，产品的功能与形式上的模糊性使产品的使用具有了更大的弹性空间和多功能性，达到资源的节约和可持续发展的目的。

（1）模糊设计提出的时代背景

对于产品设计而言，它与其他产品一样具有鲜明的时代特征，也就是说什么样的时代决定了产生什么样的产品或设计，而我们现代的社会正是处于一种"非物质社会"的社会形态，在这个社会中，大众媒体、远程通讯、电子技术服务和其他消费者信息的普及，标志着这个社会已经从一种"硬件形式"转变成为"软件形式"。一件好的设计作品可以触及人的心灵，而这种设计的缘由所在正是其表达的一种看似抽象的思想和情感。相对于客观世界的复杂性而言，它还有随机的不确定性，也就是我们所说的模糊性，认识客观世界的过程与处理各种设计问题的不确定性是我们所要面对的。

（2）模糊设计的研究与应用

在设计过程中，利用相关的模糊理论或是模糊技术，以现代人的生理或心理需求作为设计的出发点，可称之为模糊设计。在这种情况下，设计立即转变成一个更为复杂和更多学科的活动参与，这种设计的改变主要体现于产品使用环境和体验用户之间，同时对于产品的设计而言最重要的也就是处理产品与用户之间的关系。

（3）模糊设计的研究发展方向

工业设计的发展已经是以灵活性对抗复杂性，或者说是以灵活性对抗混乱性，从很少的概念中发生无数的变体，这也就是研究模糊设计和未来进行研究的发展方向。

3. 概念化设计

在高新技术快速发展的现代社会，概念设计以一种特有的思维方式与设计理念改变着人们的生活，并影响着人们的生活方式和生活质量。在产品设计、广告设计、家居设计、建筑设计、环境艺术设计等诸多领域都出现了概念设计的身影。

（1）概念的设计思想与实施

现代传媒及心理学认为：概念是人对能代表某种事物或发展过程的特点及意义所形成的思维结论。概念设计是利用设计概念并以其为主线贯穿全部设计过程的设计方法，它通过设计概念将设计者的感性认知和瞬间思维上升到统一的理性思维从而完成整个设计。

（2）未来概念设计产业的发展趋向

毫无疑问，未来概念设计产业的发展趋势是将引领人们通向一个有创新性的、物质和精神产品极其丰富的世界。概念设计将是人性化、绿色、健康、环保、节能的设计，并赢得消费者在情感上的共鸣于认同。同时"乐活"精神将是人们生活的概念体现与实现，它不仅为人类生活而服务，更为未来生活创新完美。

4. 情感化设计

美国西北大学计算机和心理学教授唐纳德·诺曼曾这样说："产品具有好的功能是重要的，产品让人易学会用也是重要的，但更重要的是这个产品要能使人感到愉悦。"情感化的产品设计正是意在扭转功能主义下技术凌驾于情感之上的局面，使得以物为中心的设计模式重新回归到以人为中心的设计主流上来。产品的情感化设计不仅是一种附加在人的心理层面需要的设计理念，同时它将人使用产品的过程中获得的愉悦的审美体验与感受传递了出来。

（1）"以人为本"的情感化设计

产品的情感化设计作为人性化设计的组成部分，在细节层面上更加关注与满足人们情感上的需求。外观设计的卓越感、操作使用的人性化、细节注重的情感化，无时不在提高着产品给人们的使用带来的轻松愉快的心理享受和情感互动。

（2）"个性时代"的情感化设计

产品的情感化设计是设计者建立在不同适用人群的基础之上。不同的使用人群都有其不同的个性体现，可以说对情感的个性追求是对精神释放的最好表达。物质均质化的方式逐渐被个性消费的生活方式所替代，年龄、性别、背景、经历、情感等诸多因素引导着人们独特的消费需求。

（3）"未来时代"的情感化设计

情感化的意识层面是依赖于本质层面而存在的，就如同人们对自我形象的表达与对尊重的需要一样，都是建立在人们自身本能与所具有的知识框架之内，而群体层面的情感化设想会将情感化的产品设计引入不同的趋向差别化，只有清楚地理解影响与适用人群的情感因素，将对产品的设计理念有的放矢，才能更好地用情感化的设计去感动人。

5. 体验设计

随着现代设计的发展，人们所追求和期待的物质生活方式也在逐渐改变，尤其是在对家用产品的使用上，从之前的功能使用到现在的情感使用，再到对产品的体验使用，可以说如今的设计理念已完全步入到了更加感知化、生活化、贴切化的情感心理，同时更能激发设计者与使用者之间的情感互换，为此，体验设计的价值将是毋庸置疑地摆在了我们面前。

（1）体验设计的理念

《体验设计》中有这样阐述："体验设计是将消费者的参与融入设计中，是企业把服务作为舞台，产品作为道具，环境作为布景，使消费者在商业环境过程中感受到美好的体验过程。体验设计以消费者的参与为前提，以消费体验为核心，几层意思恰恰对应旅游规划中的设计，最终使消费者在活动中感受到美好的体验。体验设计是不断发展的一种成长方式，是一个动态演进的关联系统化成长方式，这样的一个创新成长的方式也是情景体验经济的体验方式，在这个崭新的实战领域内，最需要的，是富有创造激情和想象力的设计"。体验设计的关键因素在于增加消费者对产品的感官体验，利用视觉、听觉、嗅觉、触觉、味觉五种刺激能够产生美的生理满足于心里享受，激发对产品的购买欲望。

（2）体验设计中的视觉传达

视觉捕捉产品的颜色、外观、形态、大小等客观特征，产生包括体积、重量和构成等有关物理特征的印象，所见使我们对物品产生一定的主观印象，所有这些理解都源于视觉，并形成体验的一部分。当代美国视觉艺术心理学家布鲁默说："色彩唤起各种情绪，表达感情，甚至影响我们正常的生理感受。"在设计中，对于色彩的运用已经成为设计师的重要语言形式。色彩与形态恰到好处的配合，能够给视觉感官带来独特的享受及心理上的全新体验。

（3）体验设计中的触觉传达

触觉同样是一种有助于人们形成印象和主观感受，产品设计中触觉语言的使用也可以带来体验的价值。触觉较视觉而言显得更为真实和细腻，它通过接触感受目标，获得真实的触觉。日本著名设计大师黑川雅之先生曾经在他的设计创意中，推出了一系列大量采用新型橡胶材料制作的产品，从这些产品的表面犹如人体肌肤般细腻柔和的触觉，给人以一种感性的体验享受。

（4）体验设计中的听觉传达

作为产品价值的另一体现，声音也同样扮演着重要的角色，产品通过听觉与顾客沟通，这是一种其它感觉都不能及的体验方式。美国《华尔街日报》曾经刊登过一篇名为《声学是豪华轿车的前沿》的文章，讲述了豪华轿车行业为了追求卓越而对声学工程的开发利用。像奔驰、宝马、福特等这些公司都力图为客户提供一种更好的驾驭体验。例如宝马发动机发出赛车式的咆哮声，似乎成为一种品牌的主打声音，同时宝马也将消除杂音作为品牌的体现，可以说最终起决定作用的便是这些无微不至的设计，就是宝马汽车能给人带来无与伦比的驾驭体验的原因所在。

（5）体验设计的发展趋势

使产品具有产生感知化的体验设计理念，将会增加人们对生活的感知欲望，并将产品融于生活之中。融合了五种感受的体验设计，加之对感官特性的设计理念，可以想象，体验设计将会成为引领未来设计的发展走势。

参考文献

[1] 程能林. 工业设计概论[M]. 北京：机械工业出版社，2006.

[2] 汤军. 工业设计造型基础[M]. 北京：清华大学出版社，2007.

[3] 陈士俊，阎祥安，谢庆森. 产品造型设计原理与方法[M]. 天津：天津大学出版社，1994.

[4] 陈震邦. 工业产品造型设计[M]. 北京：机械工业出版社，2005.

[5] 李煜，陈洪. 工业产品设计方法[M]. 北京：清华大学出版社，2005.

[6] 郑建启，李翔. 设计方法学[M]. 北京：清华大学出版社，2006.

[7] 熊雅琴. 人性化信息产品研究——人机工程学在现代信息产品中的应用[J]. 同济大学硕士学位论文，2006.

[8] 丁玉兰. 人机工程学[M]. 北京：北京理工大学出版社，2005.

[9] 张鑫，杨梅. 工业造型设计[M]. 徐州：中国矿业大学出版社，2008.

[10] 唐纳德·A诺尔曼. 情感化设计[M]. 付秋芳，程进三，译. 北京：电子工业出版社，2006.

[11] 陈浩，高筠，肖金花. 语意的传达[M]. 北京，中国建筑工业出版社，2005.

[12] 胡琳. 工业产品设计概论[M]. 北京：高等教育出版社，2006.

[13] 李世国. 体验与挑战——产品交互设计[M]. 南京：江苏美术出版社，2008.

[14] E BUrdek. 产品设计——历史、理论与实务[M]. 胡飞，译. 北京：中国建筑工业出版社，2007.

[15] 许或青. 绿色设计[M]. 北京：北京理工大学出版社，2007.

[16] 彭国希，陈杰. Pro/ENGINEER 工业设计案例精讲[M]. 北京：科学出版社，2007.

[17] 徐磊青. 人体工程学与环境行为学[M]. 北京：中国建筑工业出版社，2006.

[18] 赵江洪. 人机工程学[M]. 北京：高等教育出版社，2006.

[19] 余玉良，陈震邦. 产品设计与实现[M]. 北京：机械工业出版社，2008.

[20] 阮宝湘，邵祥华. 工业设计人机工程[M]. 北京：机械工业出版社，2005.

[21] Kevin N Otto，Kristin L Wood. 产品设计[M]. 齐春平，等译. 北京：电子工业出版社，2006.

[22] 丁满，孙秀丽. 产品二维设计表现[M]. 北京：北京理工大学出版社，2008.

[23] 谢里尔·丹格·卡伦，莉萨·L·西尔，莉萨·希其. 小手册大创意[M]. 刘爽，钟晓南，译. 北京：中国青年出版社，2008.

[24] 鲁晓波. 工业设计程序与方法[M]. 北京：清华大学出版社，2005.

[25] 金涛，等. 产品设计开发[M]. 北京：海洋出版社，2010.

[26] 袁清河. 现代设计方法与产品开发[M]. 北京：电子工业出版社，2010.

[27] Bill Moggridge. Designing Interactions[M]. Cambridge，Mass.：MIT Press，2007

[28] Christopher A Sawyer. Opening Doors to the Future[J]. Automotive Design and Production，2008（8）：28-30.